16G101 图集应用系列丛书

16G101 图集应用
——平法钢筋计算与工程量清单实例

黄 梅 主编

U0264273

中国建筑工业出版社

图书在版编目（CIP）数据

16G101图集应用：平法钢筋计算与工程量清单实例/黄梅主编. —北京：中国建筑工业出版社，2017.8
（16G101图集应用系列丛书）
ISBN 978-7-112-21057-2

Ⅰ. ①1… Ⅱ. ①黄… Ⅲ. ①钢筋混凝土结构-结构计算②配筋工程-工程造价 Ⅳ. ①TU375.01②TU723.3

中国版本图书馆CIP数据核字（2017）第187325号

本书主要依据《建设工程工程量清单计价规范》GB 50500—2013、《房屋建筑与装饰工程工程量计算规范》GB 50854—2013及《混凝土结构施工图平面整体表示方法制图规则和构造详图（现浇混凝土框架、剪力墙、梁、板）》16G101-1、《混凝土结构施工图平面整体表示方法制图规则和构造详图（现浇混凝土板式楼梯）》16G101-2、《混凝土结构施工图平面整体表示方法制图规则和构造详图（独立基础、条形基础、筏形基础、桩基础）》16G101-3三本平法图集而编写，主要内容包括平法钢筋计算基础、工程量清单计价规范（计量规则）相关规定、基础构件钢筋计算与工程量清单实例、主体构件钢筋计算与工程量清单实例、楼梯钢筋计算与工程量清单实例。

本书可供建设工程造价人员、结构设计与施工人员以及相关专业大中专院校师生学习参考。

* * *

责任编辑：郭　栋
责任设计：李志立
责任校对：李欣慰　焦　乐

16G101图集应用系列丛书
16G101图集应用——平法钢筋计算与工程量清单实例
黄　梅　主编

*

中国建筑工业出版社出版、发行（北京海淀三里河路9号）

各地新华书店、建筑书店经销

霸州市顺浩图文科技发展有限公司制版

北京君升印刷有限公司印刷

*

开本：787×1092毫米　1/16　印张：14¾　字数：336千字
2017年12月第一版　　2017年12月第一次印刷
定价：**37.00**元
ISBN 978-7-112-21057-2
（30683）

《平法钢筋计算与工程量清单实例》编委会

主　编　黄　梅

参　编　何　影　　董　慧　　张黎黎　　张　彤

　　　　　王红微　　齐丽娜　　李　瑞　　于　涛

　　　　　孙丽娜　　李　东　　刘艳君　　王春乐

前　　言

　　工程量清单是工程量计价的基础，是编制招标控制价、投标报价、计算工程量、支付工程款、调整合同价款、办理竣工结算及工程索赔等的依据。在工程造价的计算中，钢筋用量的计算是最烦琐的，钢筋用量计算正确与否对工程造价的影响很大。钢筋计算的过程主要是：从结构平面图的钢筋标注出发，根据结构的特点和钢筋所在的部位，计算钢筋的长度和根数，最后得出钢筋的重量，造价人员及工程预算人员都是将钢筋重量作为钢筋工程量的。市面上关于钢筋计算和工程量清单编制的相关书籍很多，但是涉及平法钢筋工程量计算和工程量清单的却较少。随着"平法"在我国建筑工程结构设计中广泛应用，中国建筑标准设计研究院最新出版了 16G101 系列国家建筑设计图集，广大工程造价人员，尤其是涉及平法钢筋造价计算的造价人员和结构设计人员，迫切需要一本综合讲述平法钢筋工程量计算和工程量清单的书籍，以供实际工作参考使用。因此，我们组织相关技术人员编写了此书。

　　本书主要依据《建设工程工程量清单计价规范》GB 50500—2013、《房屋建筑与装饰工程工程量计算规范》GB 50854—2013 及《混凝土结构施工图平面整体表示方法制图规则和构造详图（现浇混凝土框架、剪力墙、梁、板）》16G101-1、《混凝土结构施工图平面整体表示方法制图规则和构造详图（现浇混凝土板式楼梯）》16G101-2、《混凝土结构施工图平面整体表示方法制图规则和构造详图（独立基础、条形基础、筏形基础、桩基础）》16G101-3 三本平法图集而编写，在介绍平法识图与构造的基础上，结合工程量计算实例，对平法钢筋工程量计算和工程量清单进行了讲解。

　　由于编者的经验和学识有限，尽管尽心尽力编写，但内容仍难免有疏漏、错误之处，敬请广大专家、学者批评指正。

目　　录

1 平法钢筋计算基础 ··· 1

1.1　平法基础知识 ··· 1

1.1.1　平法概述 ··· 1

1.1.2　平法图集的类型及内容 ··· 1

1.1.3　16G101 图集与 11G101 图集对比 ································· 2

1.2　钢筋基础知识 ··· 4

1.2.1　钢筋的表示方法 ··· 4

1.2.2　钢筋的分类与作用 ·· 6

1.2.3　钢筋的等级与区分 ··· 10

1.2.4　常见钢筋画法 ··· 10

1.3　钢筋算量基础知识 ·· 11

1.3.1　钢筋计算方法 ··· 11

1.3.2　钢筋计算常用数据 ··· 12

1.3.3　钢筋工程量计算依据 ·· 18

1.3.4　钢筋工程量计算意义 ·· 20

2　工程量清单计价规范（计量规则）相关规定 ·························· 21

2.1　《建设工程工程量清单计价规范》GB 50500—2013 的相关规定 ····· 21

2.1.1　《建设工程工程量清单计价规范》编制依据 ················· 21

2.1.2　《建设工程工程量清单计价规范》的特点 ···················· 21

2.1.3　《建设工程工程量清单计价规范》中关于工程量清单计价的基本规定 ··· 22

2.2　《房屋建筑与装饰工程工程量计算规范》GB 50854—2013 的相关规定 ····· 24

2.2.1　《房屋建筑与装饰工程工程量计算规范》中基础构件清单工程量计
算规则 ··· 24

2.2.2　《房屋建筑与装饰工程工程量计算规范》中柱构件清单工程量计算
规则 ·· 26

2.2.3　《房屋建筑与装饰工程工程量计算规范》中剪力墙构件清单工程量
计算规则 ··· 27

2.2.4　《房屋建筑与装饰工程工程量计算规范》中梁构件清单工程量计算
规则 ·· 27

2.2.5 《房屋建筑与装饰工程工程量计算规范》中板构件清单工程量计算
规则 ·· 28
2.2.6 《房屋建筑与装饰工程工程量计算规范》中楼梯清单工程量计算规则 ··· 29
2.2.7 《房屋建筑与装饰工程工程量计算规范》中钢筋工程及螺栓、铁件清
单工程量计算规则 ··· 30
2.2.8 工程量清单相关说明 ··· 31
2.3 《市政工程工程量计算规范》GB 50857—2013 的相关规定 ················ 32
2.3.1 《市政工程工程量计算规范》中钢筋工程工程量计算规则 ········· 32
2.3.2 工程量清单相关说明 ··· 32
2.4 《园林绿化工程工程量计算规范》GB 50858—2013 的相关规定 ··········· 33
2.4.1 园路、园桥工程的相关规定 ··· 33
2.4.2 园林景观工程的相关规定 ·· 33
2.5 《公路工程工程量清单计量规则》（2010 版）的相关规定 ··············· 34
2.5.1 工程量清单计量说明 ··· 34
2.5.2 工程量清单计量规则说明 ·· 35

3 基础构件钢筋计算与工程量清单实例 ·· 37
3.1 独立基础 ··· 37
3.1.1 独立基础平法施工图制图规则 ····································· 37
3.1.2 独立基础构件钢筋计算 ·· 46
3.2 条形基础 ··· 48
3.2.1 条形基础平法施工图制图规则 ····································· 48
3.2.2 条形基础构件钢筋计算 ·· 52
3.3 筏形基础 ··· 57
3.3.1 梁板式筏形基础平法施工图制图规则 ···························· 57
3.3.2 平板式筏形基础平法施工图制图规则 ···························· 60
3.3.3 筏形基础构件钢筋计算 ·· 64
3.4 桩基础 ·· 69
3.4.1 桩基础平法施工图制图规则 ··· 69
3.4.2 桩基础构件钢筋计算 ··· 75
3.5 基础构件钢筋工程量清单实例 ·· 78

4 主体构件钢筋计算与工程量清单实例 ·· 91
4.1 柱构件 ·· 91
4.1.1 柱构件平法施工图制图规则 ··· 91
4.1.2 框架柱构件纵筋计算 ··· 94

4.1.3　框架柱构件箍筋计算 ……………………………………………………… 100
4.1.4　柱构件钢筋工程量清单实例 …………………………………………… 103
4.2　剪力墙构件 ……………………………………………………………………… 119
4.2.1　剪力墙构件平法施工图制图规则 ……………………………………… 119
4.2.2　剪力墙暗柱钢筋计算 …………………………………………………… 127
4.2.3　剪力墙连梁钢筋计算 …………………………………………………… 129
4.2.4　剪力墙暗梁钢筋计算 …………………………………………………… 130
4.2.5　剪力墙竖向钢筋计算 …………………………………………………… 132
4.2.6　剪力墙水平钢筋计算 …………………………………………………… 134
4.2.7　剪力墙构件钢筋工程量清单实例 ……………………………………… 136
4.3　梁构件 …………………………………………………………………………… 146
4.3.1　梁构件平法施工图制图规则 …………………………………………… 146
4.3.2　楼层框架梁构件钢筋计算 ……………………………………………… 155
4.3.3　屋面框架梁构件钢筋计算 ……………………………………………… 160
4.3.4　框支梁构件钢筋计算 …………………………………………………… 162
4.3.5　非框架梁构件钢筋计算 ………………………………………………… 162
4.3.6　悬挑梁构件钢筋计算 …………………………………………………… 166
4.3.7　梁构件钢筋工程量清单实例 …………………………………………… 166
4.4　板构件 …………………………………………………………………………… 181
4.4.1　板构件平法施工图制图规则 …………………………………………… 181
4.4.2　有梁楼盖楼面板和屋面板构件钢筋计算 ……………………………… 189
4.4.3　悬挑板构件钢筋计算 …………………………………………………… 193
4.4.4　板开洞钢筋计算 ………………………………………………………… 194
4.4.5　板构件钢筋工程量清单实例 …………………………………………… 196

5　楼梯钢筋计算与工程量清单实例 ……………………………………………… 208
5.1　板式楼梯平法施工图制图规则 ………………………………………………… 208
5.2　板式楼梯钢筋计算 ……………………………………………………………… 213
5.2.1　板式楼梯配筋构造 ……………………………………………………… 213
5.2.2　AT 型楼梯梯段板的纵筋及其分布筋计算 …………………………… 219
5.3　板式楼梯钢筋工程量清单实例 ………………………………………………… 220

参考文献 ……………………………………………………………………………… 226

1 平法钢筋计算基础

1.1 平法基础知识

1.1.1 平法概述

"平法"是由山东大学陈青来教授发明的，其最大的功绩就是对结构设计技术方法板块的建构，并使其理论化、系统化，是对传统设计方法的一次深刻变革。"平法"是"混凝土结构施工图平面整体表示方法制图规则和构造详图"的简称，包括制图规则和构造详图两大部分。概括来讲，平法就是把结构构件的尺寸和配筋等，按照平面整体表示方法制图规则，整体直接表达在各类构件的结构平面布置图上，再与标准构造详图相配合，即构成一套新型完整的结构设计。"平法"是结构设计中的一种科学、合理、简洁、高效的设计方法。目前，"平法"一词已被全国范围内的结构设计师、建造师、造价师、监理师、预算人员和技术工人普遍采用。

平法的系统科学原理为：视全部设计过程与施工过程为一个完整的主系统，主系统由多个子系统构成，主要包括以下几个子系统：基础结构、柱墙结构、梁结构、板结构；各子系统有明确的层次性、关联性、相对完整性。

1. 层次性

基础、柱墙、梁、板，均为完整的子系统。

2. 关联性

柱、墙以基础为支座——柱、墙与基础关联；梁以柱为支座——梁与柱关联；板以梁为支座梁——板与梁关联。

3. 相对完整性

基础自成体系，仅有自身的设计内容而无柱或墙的设计内容；柱、墙自成体系，仅有自身的设计内容（包括在支座内的锚固纵筋）而无梁的设计内容；梁自成体系，仅有自身的设计内容（包括锚固在支座内的纵筋）而无板的设计内容；板自成体系，仅有板自身的设计内容（包括锚固在支座内的纵筋）。在设计出图的表现形式上，它们都是独立的板块。

平法贯穿工程生命周期的全过程，平法从应用的角度讲，就是一本有构造详图的制图规则。

1.1.2 平法图集的类型及内容

1. 平法图集的类型

为了规范使用建筑结构施工图平面整体设计方法，保证按平法设计绘制的结构施工图实现全国统一、确保设计、施工质量，平法制图规则已纳入国家建筑标准设计 G101 系列图集《混凝土结构施工图平面整体表示方法制图规则和构造详图》。现行的平法系列图集包括：

（1）《混凝土结构施工图平面整体表示方法制图规则和构造详图（现浇混凝土框架、剪力墙、梁、板）》16G101-1；

（2）《混凝土结构施工图平面整体表示方法制图规则和构造详图（现浇混凝土板式楼梯）》16G101-2；

（3）《混凝土结构施工图平面整体表示方法制图规则和构造详图（独立基础、条形基础、筏形基础、桩基础）》16G101-3。

2. 平法图集的内容

平法图集主要包括平面整体表示方法制图规则和标准构造详图两大部分内容。平法结构施工图包括：

（1）平法施工图。平法施工图是在构件类型绘制的结构平面布置图上，直接按制图规则标注每个构件的几何尺寸和配筋；同时，含有结构设计说明。

（2）标准构造详图。标准构造详图提供的是平法施工图图纸中未表达的节点构造和构件本体构造等不需结构设计师设计和绘制的内容。节点构造是指构件与构件之间的连接构造，构件本体构造指节点以外的配筋构造。

制图规则主要使用文字表达技术规则，标准构造详图是用图形表达的技术规则。两者相辅相成，缺一不可。

1.1.3 16G101 图集与 11G101 图集对比

1. 设计依据

16G101 图集与 11G101 图集设计依据的区别，见表 1-1。

16G101 图集与 11G101 图集设计依据的区别　　　　　　　　表 1-1

图集名称	16G101 图集	11G101 图集
设计依据	《中国地震动参数区划图》GB 18306—2015 《混凝土结构设计规范》GB 50010—2010(2015 年版) 《建筑抗震设计规范》GB 50011—2010(2016 年版) 《高层建筑混凝土结构技术规程》JGJ 3—2010 《建筑结构制图标准》GB/T 50105—2010	《混凝土结构设计规范》GB 50010—2010 《建筑抗震设计规范》GB 50011—2010 《高层建筑混凝土结构技术规程》JGJ 3—2010 《建筑结构制图标准》GB/T 50105—2010

2. 适用范围

16G101 图集与 11G101 图集适用范围的区别，见表 1-2。

3. 16G101 图集主体构件构造变化的点

（1）柱变化的点

1）底层刚性地面上下各加密 500mm 变化。

16G101 图集与 11G101 图集适用范围的区别　　　　　　　　　　　表 1-2

图集名称	16G101 图集	11G101 图集
适用范围	16G101-1 适用于抗震设防烈度为 6～9 度地区的现浇混凝土框架、剪力墙、框架-剪力墙和部分框支剪力墙等主体结构施工图的设计，以及各类结构中的现浇混凝土板（包括有梁楼盖和无梁楼盖）、地下室结构部分现浇混凝土墙体、柱、梁、板结构施工图的设计	11G101-1 适用于非抗震和抗震设防烈度为 6～9 度地区的现浇混凝土框架、剪力墙、框架-剪力墙和部分框支剪力墙等主体结构施工图的设计，以及各类结构中的现浇混凝土板（包括有梁楼盖和无梁楼盖）、地下室结构部分现浇混凝土墙体、柱、梁、板结构施工图的设计
	16G101-2 适用于抗震设防烈度为 6～9 度地区的现浇钢筋混凝土板式楼梯	11G101-2 适用于非抗震及抗震设防烈度为 6～9 度地区的现浇钢筋混凝土板式楼梯
	16G101-3 适用于各种结构类型的现浇混凝土独立基础、条形基础、筏形基础（分梁板式和平板式）及桩基础施工图设计	11G101-3 适用于各种结构类型下现浇混凝土独立基础、条形基础、筏形基础（分梁板式和平板式）、桩基承台施工图设计

2）KZ 变截面位置纵向钢筋构造变化。

3）增加了 KZ 边柱、角柱柱顶等截面伸出时纵向钢筋构造。

4）取消了非抗震 KZ 纵向钢筋连接构造、非抗震 KZ 边柱和角柱柱顶纵向钢筋构造、非抗震 KZ 中柱柱顶纵向钢筋构造、非抗震 KZ 变截面位置纵向钢筋构造、非抗震 KZ 箍筋构造、非抗震 QZ、LZ 纵向钢筋构造。

（2）剪力墙变化的点

1）剪力墙水平分布钢筋变化；增加了翼墙（二）、（三）和端柱端部墙（二）；取消了水平变截面墙水平钢筋构造。

2）剪力墙竖向钢筋构造变化；增加了防震缝处墙局部构造、施工缝处抗剪用钢筋连接构造。

3）增加构造边缘暗柱（二）、（三）、构造边缘翼墙（二）、（三）、构造边缘转角墙（二）、剪力墙连梁 LLk 纵向钢筋、箍筋加密区构造。

4）剪力墙连梁 LL 配筋构造变化；连梁、暗梁和边框梁侧面纵筋和拉筋构造中增加 LL（二）、（三）。

5）剪力墙水平分布钢筋计入约束边缘构件体积配箍率的构造做法变化。

6）剪力墙 BKL 或 AL 与 LL 重叠时配筋构造变化。

7）连梁交叉斜筋配筋构造变化。

8）连梁集中对角斜筋配筋构造变化。

9）连梁对角暗撑配筋构造变化。

10）地下室外墙 DWK 钢筋构造变化。

11）剪力墙洞口补强构造变化。

（3）梁变化的点

1）取消了非抗震楼层框架梁 KL 纵向钢筋构造、非抗震屋面框架梁 WKL 纵向钢筋构造、非抗震框架梁 KL、WKL 箍筋构造、非框架梁 L 中间支座纵向钢筋构造节点②。

2）屋面框架梁 WKL 纵向钢筋构造变化。

3）框架水平、竖向加腋构造变化。

4）KL、WKL 中间支座纵向钢筋构造变化。

5）非框架梁配筋构造变化。

6）不伸入支座的梁下部纵向钢筋断点位置变化。

7）附加箍筋范围、附加吊筋构造变化。

8）增加了端支座非框架梁下部纵筋弯锚构造、受扭非框架梁纵筋构造、框架扁梁中柱节点、框架扁梁边柱节点、框架扁梁箍筋构造、框支梁 KZL 上部墙体开洞部位加强做法、托柱转换梁 TZL 托柱位置箍筋加密构造。

9）原图集"框支柱 KZZ"变成"转换柱 ZHZ"。

（4）板变化的点

1）板在端部支座的锚固构造变化。

2）悬挑板钢筋构造变化。

3）板带端支座纵向钢筋构造变化。

4）局部升降板构造变化。

5）悬挑板阳角放射筋构造变化。

6）悬挑板阴角构造变化。

7）柱帽构造变化，增加了柱顶柱帽柱纵向钢筋构造。

1.2 钢筋基础知识

1.2.1 钢筋的表示方法

1. 普通钢筋的表示方法

普通钢筋的一般表示方法应符合表 1-3 的规定。

普通钢筋的一般表示方法 表 1-3

名　称	图　例	说　明
钢筋横断面	•	—
无弯钩的钢筋端部		右图表示长、短钢筋投影重叠时,短钢筋的端部用 45°斜画线表示
带半圆形弯钩的钢筋端部		—
带直钩的钢筋端部		—
带丝扣的钢筋端部	 ///	—
无弯钩的钢筋搭接		—

名　称	图　例	说　明
带半圆弯钩的钢筋搭接		—
带直钩的钢筋搭接		—
花篮螺栓钢筋接头		—
机械连接的钢筋接头		用文字说明机械连接的方式（例如冷挤压或直螺纹等）

2. 钢筋焊接接头的表示方法

钢筋焊接接头的表示方法应符合表 1-4 的规定。

钢筋焊接接头的表示方法　　　　　　表 1-4

名　称	接头形式	标注方法
单面焊接的钢筋接头		
双面焊接的钢筋接头		
用帮条单面焊接的钢筋接头		
用帮条双面焊接的钢筋接头		
接触对焊的钢筋接头（闪光焊、压力焊）		
坡口平焊的钢筋接头		
坡口立焊的钢筋接头		
用角钢或扁钢做连接板焊接的钢筋接头		
钢筋或螺（锚）栓与钢板穿孔塞焊的接头		

3. 预应力钢筋的表示方法

预应力钢筋的表示方法应符合表 1-5 的规定。

预应力钢筋的表示方法 表 1-5

名　　称	图　例
预应力钢筋或钢绞线	———— · — · ——
后张法预应力钢筋断面无粘结预应力钢筋断面	⊕
预应力钢筋断面	+
张拉端锚具	▷— · — · —
固定端锚具	▷— · — · —
锚具的端视图	⊕
可动连接件	— · — ╪ · —
固定连接件	— · — + · —

4. 钢筋的标注方法

（1）梁内受力钢筋、架立钢筋的根数、级别和直径表示法如下：

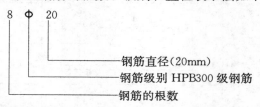

8 Φ 20

钢筋直径（20mm）
钢筋级别 HPB300 级钢筋
钢筋的根数

（2）梁内箍筋及板内钢筋应标注钢筋直径和相邻的钢筋中心间距，表示法如下：

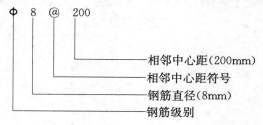

Φ 8 @ 200

相邻中心距（200mm）
相邻中心距符号
钢筋直径（8mm）
钢筋级别

1.2.2 钢筋的分类与作用

钢筋按其在构件中所起作用的不同，会加工成不同的形状。构件中常见的钢筋可以分为主钢筋（纵向受力钢筋）、弯起钢筋（斜钢筋）、架立钢筋、分布钢筋、腰筋、拉筋和箍筋几种类型，如图 1-1 所示。各种钢筋在构件中的作用如下。

1. 主钢筋

主钢筋又称"纵向受力钢筋"，可以分为受拉钢筋和受压钢筋两类。受拉钢筋配置在受弯构件的受拉区和受拉构件中承受拉力；受压钢筋配置在受弯构件的受压区和受压构件中，与混凝土共同承担压力。在受弯构件受压区配置主钢筋一般是不经济的，只有在受压区混凝土不足以承受压力时，才在受压区配置受压主钢筋以补强。受拉钢筋在构件中的位置如图 1-2 所示。

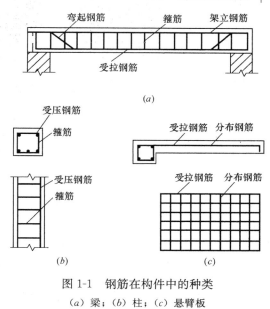

图 1-1　钢筋在构件中的种类
（a）梁；（b）柱；（c）悬臂板

受压钢筋是通过计算用以承受压力的钢筋，通常配置在受压构件当中，例如各种柱子、桩或屋架的受压腹杆内，受弯构件的受压区内也需配置受压钢筋。虽然混凝土的抗压强度较大，然而钢筋的抗压强度远大于混凝土的抗压强度，在构件的受压区配置受压钢筋，帮助混凝土承担压力，就可以减小受压构件或受压区的截面尺寸。受压钢筋在构件中的位置如图 1-3 所示。

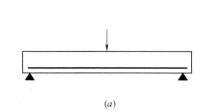

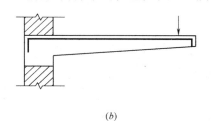

图 1-2　受拉钢筋在构件中的位置
（a）简支梁；（b）雨篷

2. 弯起钢筋

弯起钢筋是受拉钢筋的一种变化形式。简支梁中，为抵抗支座附近由于受弯和受剪而产生的斜向拉力，就将受拉钢筋的两端弯起来，承受这部分斜拉力，称之为"弯起钢筋"。但在连续梁和连续板中，经试验证明受拉区是变化的：跨中受拉区在连续梁、板的下部；到接近支座的部位时，受拉区主要移到梁、板的上部。为了适应这种受力情况，受拉钢筋到一定位置就须弯起。弯起钢筋在构件中的位置如图 1-4 所示。斜钢筋一般由主钢筋弯起，当主钢筋长度不够弯起时，也可以采用吊筋，如图 1-5 所示，但不允许采用浮筋。

图 1-3　受压钢筋在构件中的位置
（a）梁；（b）柱

3. 架立钢筋

架立钢筋能够固定箍筋，并与主筋等一起连成钢筋骨架，确保受力钢筋的设计位置，

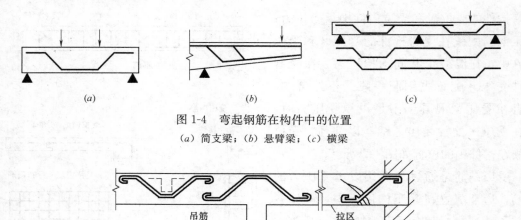

图 1-4 弯起钢筋在构件中的位置

（a）简支梁；（b）悬臂梁；（c）横梁

图 1-5 吊筋布置图

使其在浇筑混凝土的过程中不发生移动。

架立钢筋的作用是使受力钢筋和箍筋保持正确位置，以形成骨架。但当梁的高度小于150mm 时可不设箍筋，在这种情况下，梁内也不设架立钢筋。架立钢筋的直径通常为8～12mm。架立钢筋在钢筋骨架中的位置，如图 1-6所示。

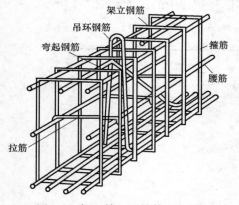

图 1-6 架立筋、腰筋等在钢筋
骨架中的位置

4. 分布钢筋

分布钢筋是指在垂直于板内主钢筋方向上布置的构造钢筋。其作用是将板面上的荷载更均匀地传递给受力钢筋，也可以在施工中通过绑扎或点焊以固定主钢筋位置，还可以抵抗温度应力和混凝土收缩应力。分布钢筋在构件中的位置如图1-7 所示。

5. 腰筋与拉筋

当梁的截面高度超过 700mm 时，为了确保受力钢筋与箍筋整体骨架的稳定，以及承受构件中部混凝土收缩或温度变化所产生的拉力，在梁的两侧面沿高度每隔 300～400mm 设置

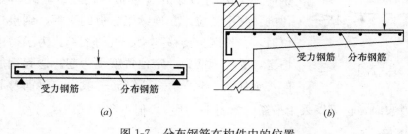

图 1-7 分布钢筋在构件中的位置

（a）简支板；（b）雨篷

一根直径不小于 10mm 的纵向构造钢筋，称之为"腰筋"。腰筋要用拉筋连系，拉筋直径采用 6～8mm，如图 1-8 所示。

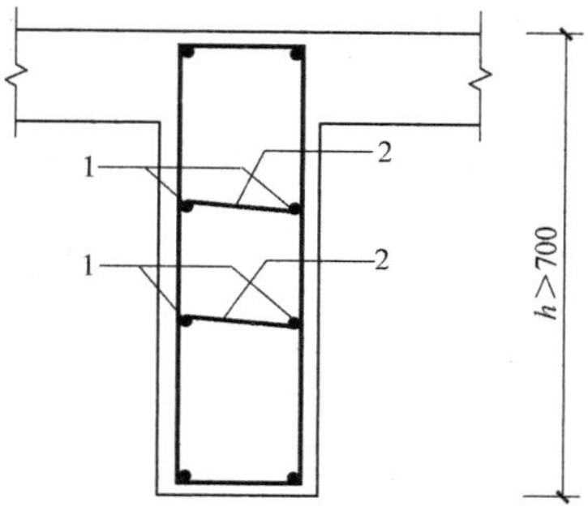

腰筋的作用是防止梁太高时，由于混凝土收缩和温度变化导致梁变形而产生的竖向裂缝，同时可以加强钢筋骨架的刚度。

因安装钢筋混凝土构件的需要，在预制构件中根据构件体形和质量，在一定位置设置有吊环钢筋。在构件和墙体连接处，部分还预埋有锚固筋等。腰筋、拉筋、吊环钢筋在钢筋骨架中的位置如图 1-6 所示。

图 1-8 腰筋与拉筋布置
1—腰筋；2—拉筋

6. 箍筋

箍筋的构造形式，如图 1-9 所示。

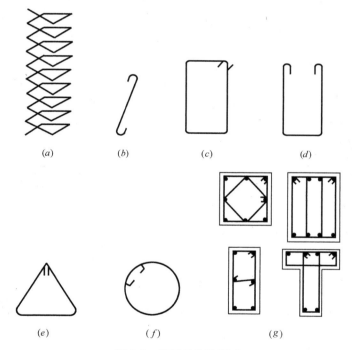

图 1-9 箍筋的构造形式
(a) 螺旋形箍筋；(b) 单肢箍；(c) 闭口双肢箍；(d) 开口双肢箍
(e) 闭口三角箍；(f) 闭口圆形箍；(g) 各种组合箍筋

箍筋的主要作用是固定受力钢筋在构件中的位置，并使钢筋形成坚固的骨架，同时箍筋还可以承担部分拉力及剪力等。

箍筋除了可以满足斜截面抗剪强度之外，还有使连接的受拉主钢筋和受压区的混凝土共同工作的作用。此外，也可以用于固定主钢筋的位置，而使梁内各种钢筋构成钢筋骨架。

箍筋的形式主要包括开口式和闭口式两种。闭口式箍筋有三角形、圆形和矩形等多种形式。单个矩形闭口式箍筋也称"双肢箍";两个双肢箍拼在一起称为"四肢箍"。在截面较小的梁中,可以使用单肢箍;在圆形或一些矩形的长条构件中,也有使用螺旋形箍筋的。

1.2.3 钢筋的等级与区分

通常,将屈服强度在 300MPa 以上的钢筋称之为"Ⅱ级钢筋",屈服强度在 400MPa 以上的钢筋称之为"Ⅲ级钢筋",屈服强度在 500MPa 以上的钢筋称之为"Ⅳ级钢筋",屈服强度在 600MPa 以上的钢筋称之为"Ⅴ级钢筋"。

2002 年开始,Ⅱ级钢筋改称"HRB335 级钢筋",Ⅲ级钢筋改称"HRB400 级钢筋"。表 1-6 是对 HRB335 级钢筋与 HRB400 级钢筋异同之处的简单描述。

HRB335 级钢筋与 HRB400 级钢筋异同之处   表 1-6

项 目		HRB335 级钢筋	HRB400 级钢筋
相同点		均属于带肋钢筋(即通常所说的螺纹钢筋) 均属于普通低合金热轧钢筋 均可以用于普通钢筋混凝土结构工程中 两种钢筋的理论重量,在长度和公称直径都相等的情况下相同	
不同点	钢种不同 (化学成分不同)	20MnSi(20 锰硅)	20MnSiNb(20 锰硅镍)或 20MnSiV(20 锰硅钒)或 20MnTi 等(20 锰钛)
	强度不同	抗拉、抗压设计强度是 300MPa	抗拉、抗压设计强度是 360MPa

注:1. 由于钢筋的化学成分和极限强度的不同,因此在冷弯、韧性、抗疲劳等性能方面也有所不同。
    2. 两种钢筋在混凝土中对锚固长度的要求是不同的。钢筋的锚固长度与钢筋的外形、钢筋的抗拉强度及混凝土的抗拉强度有关。

1.2.4 常见钢筋画法

(1) 在结构楼板中配置双层钢筋时,底层钢筋的弯钩应当向上或向左,顶层钢筋的弯钩则向下或是向右,如图 1-10 (a) 所示。

(2) 钢筋混凝土墙体配双层钢筋时,在配筋立面图中,远面钢筋的弯钩应当向上或向左,而近面钢筋的弯钩则向下或向右 (JM 为近面,YM 为远面),如图 1-10 (b) 所示。

(3) 若在断面图中不能清楚地表达钢筋布置,应当在断面图外增加钢筋大样图(例如,钢筋混凝土墙、楼梯等),如图 1-10 (c) 所示。

(4) 图中所表示的箍筋、环筋等若布置复杂时,可以加画钢筋大样图及说明,如图 1-10 (d) 所示。

(5) 每组相同的钢筋、箍筋或环筋,可以用一根粗实线表示,同时用一根两端带斜短画线的横穿细线表示其钢筋及起止范围,如图 1-10 (e) 所示。

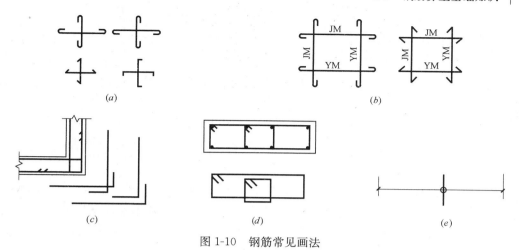

图 1-10　钢筋常见画法

（a）常见画法一；（b）常见画法二；（c）常见画法三；（d）常见画法四；（e）常见画法五

1.3　钢筋算量基础知识

1.3.1　钢筋计算方法

钢筋计算前，应进行相应的准备工作，需要认真地阅读和审查图纸，在这个基础上进行平法钢筋计算的计划和部署。

1. 阅读和审查平法施工图的一般要求和注意事项

一般所说的图纸，是指土建施工图纸。施工图通常分为"建施"和"结施"。"建施"即为建筑施工图，"结施"即为结构施工图。钢筋计算主要使用结构施工图。如果房屋结构较为复杂，单纯看结构施工图不易看懂时，可结合建筑施工图的平面图、立面图和剖面图，以便于我们理解某些构件的位置和作用。

看图纸时，一定要注意阅读最前面的"设计说明"。里面包括许多重要的信息及数据，还包含一些在具体构件图纸上没有画出的一些工程做法。对于钢筋计算来说，设计说明中的重要信息和数据是：房屋设计中采用哪些设计规范和标准图集、抗震等级（以及抗震设防烈度）、混凝土强度等级、钢筋的类型、分布钢筋的直径和间距等。认真阅读设计说明，可以对整个工程有一个总体的印象。

认真阅读图纸目录，根据目录对照具体的每一张图纸，看看手中的施工图纸是否缺漏。然后，浏览每一张结构平面图。首先，明确每张结构平面图所适用的范围：是否为几个楼层共用同一张结构平面图，还是每个楼层分别使用结构平面图。再对比不同的结构平面图，看看它们之间有什么联系和区别。看各楼层之间的结构有哪些是相同的、哪些是不同的，以便于划分"标准层"，制订钢筋计算的计划。

目前，平法施工图主要是通过结构平面图来表示。但是，对于某些复杂的或者特殊的结构或构造，设计师会给出构造详图，阅读图纸时应注意观察和分析。

阅读和审查图纸过程中，要注意将不同的图纸进行对照和比较，要善于读懂图纸，更要善于发现图纸中的问题。设计师也难免会出错，而施工图是进行施工和工程预算的依据。如果图纸出错了，后果将会很严重。在将结构平面图、建筑平面图、立面图和剖面图对照比较的过程中，应注意平面尺寸和标高尺寸的对比。

2. 钢筋计算的计划和部署

在充分地阅读和研究图纸的基础上，可以进行平法钢筋计算的计划和部署。这主要是楼层划分中，如何正确划定"标准层"的问题。

楼层划分时，要比较各楼层的结构平面图的布局，归纳类似楼层。尽管无法纳入同一个"标准层"进行处理，但是可以在分层计算钢筋时，尽量利用前面某一楼层计算的结果。在运行平法钢筋计算软件中，也可以使用"楼层拷贝"功能，将前面某一个楼层的平面布置连同钢筋标注均复制出来，修改后计算出新楼层的钢筋工程量。

一般在楼层划分时，有些楼层是需要单独进行计算的，包括：基础、地下室、一层、中间的柱（墙）变截面楼层、顶层。

进入钢筋计算前，还必须准备好钢筋计算的基础数据，包括：抗震等级（以及抗震设防烈度）、混凝土强度等级、各类构件的保护层厚度、各类构件钢筋的类型、各类构件的钢筋锚固长度和搭接长度、分布钢筋的直径及间距等。

1.3.2 钢筋计算常用数据

1. 混凝土结构的环境类别

影响混凝土结构耐久性最重要的因素就是环境，环境分类应根据其对混凝土结构耐久性的影响而确定。混凝土结构环境类别的划分主要适用于混凝土结构正常使用极限状态的验算和耐久性设计，环境类别的划分应符合表 1-7 的要求。

混凝土结构的环境类别 表 1-7

环境类别	条　件
一	室内干燥环境 无侵蚀性静水浸没环境
二 a	室内潮湿环境 非严寒和非寒冷地区的露天环境 非严寒和非寒冷地区与无侵蚀性的水或土壤直接接触的环境 严寒和寒冷地区的冰冻线以下与无侵蚀性的水或土壤直接接触的环境
二 b	干湿交替环境 水位频繁变动环境 严寒和寒冷地区的露天环境 严寒和寒冷地区冰冻线以上与无侵蚀性的水或土壤直接接触的环境
三 a	严寒和寒冷地区冬季水位变动区环境 受除冰盐影响环境 海风环境

环境类别	条 件
三 b	盐渍土环境 受除冰盐作用环境 海岸环境
四	海水环境
五	受人为或自然的侵蚀性物质影响的环境

注：1. 室内潮湿环境是指构件表面经常处于结露或湿润状态的环境；

    2. 严寒和寒冷地区的划分应符合国家现行标准《民用建筑热工设计规范》GB 50176 的有关规定；

    3. 海岸环境和海风环境宜根据当地情况，考虑主导风向及结构所处迎风、背风部位等因素的影响，由调查研究和工程经验确定；

    4. 受除冰盐影响环境是指受到除冰盐的盐雾影响的环境；受除冰盐作用环境是指被除冰盐溶液溅射的环境以及使用除冰盐地区的洗车房、停车楼等建筑；

    5. 暴露的环境是指混凝土结构表面所处的环境。

2. 钢筋的保护层

16G101 图集规定，纵向受力钢筋的混凝土保护层厚度应符合表 1-8 的要求。

表 1-8

混凝土保护层的最小厚度（mm）

环境 类别	板、墙		梁、柱		基础梁（顶面和侧面）		独立基础、条形基础、 筏形基础（顶面和侧面）	
	≤C25	≥C30	≤C25	≥C30	≤C25	≥C30	≤C25	≥C30
一	20	15	25	20	25	20	—	—
二 a	25	20	30	25	30	25	25	20
二 b	30	25	40	35	40	35	30	25
三 a	35	30	45	40	45	40	35	30
三 b	45	40	55	50	55	50	45	40

注：1. 表中，混凝土保护层厚度指最外层钢筋外边缘至混凝土表面的距离，适用于设计使用年限为 50 年的混凝土结构。

    2. 构件中，受力钢筋的保护层厚度不应小于钢筋的公称直径 d。

    3. 设计使用年限为 100 年的混凝土结构，一类环境中，最外层钢筋的保护层厚度不应小于表中数值的 1.4 倍；二、三类环境中，设计使用年限为 100 年的结构应采取专门的有效措施。

    4. 基础地面钢筋的保护层厚度，有混凝土垫层时应从垫层顶面算起，且不应小于 40mm；无垫层时不应小于 70mm。

    5. 桩基承台及承台梁：承台底面钢筋的混凝土保护层厚度，当有混凝土垫层时，不应小于 50mm；无垫层时，不应小于 70mm；此外，尚不应小于桩头嵌入承台的长度。

3. 受拉钢筋基本锚固长度

受拉钢筋基本锚固长度 l_{ab}，见表 1-9。

4. 抗震设计时受拉钢筋基本锚固长度

抗震设计时受拉钢筋基本锚固长度 l_{abE}，见表 1-10。

5. 受拉钢筋锚固长度

受拉钢筋锚固长度，见表 1-11。

受拉钢筋基本锚固长度 l_{ab} 表 1-9

钢筋种类	混凝土强度等级								
	C20	C25	C30	C35	C40	C45	C50	C55	≥C60
HPB300	39d	34d	30d	28d	25d	24d	23d	22d	21d
HRB335	38d	33d	29d	27d	25d	23d	22d	21d	21d
HRB400 HRBF400 RRB400	—	40d	35d	32d	29d	28d	27d	26d	25d
HRB500 HRBF500	—	48d	43d	39d	36d	34d	32d	31d	30d

抗震设计时受拉钢筋基本锚固长度 l_{abE} 表 1-10

钢筋种类		混凝土强度等级								
		C20	C25	C30	C35	C40	C45	C50	C55	≥C60
HPB300	一、二级	45d	39d	35d	32d	29d	28d	26d	25d	24d
	三级	41d	36d	32d	29d	26d	25d	24d	23d	22d
HRB335	一、二级	44d	38d	33d	31d	29d	26d	25d	24d	24d
	三级	40d	35d	31d	28d	26d	24d	23d	22d	22d
HRB400 HRBF400 RRB400	一、二级	—	46d	40d	37d	33d	32d	31d	30d	29d
	三级	—	42d	37d	34d	30d	29d	28d	27d	26d
HRB500 HRBF500	一、二级	—	55d	49d	45d	41d	39d	37d	36d	35d
	三级	—	50d	45d	41d	38d	36d	34d	33d	32d

注: 1. 四级抗震时，$l_{abE} = l_{ab}$。

2. 当锚固钢筋的保护层厚度不大于 $5d$ 时，锚固钢筋长度范围内应设置横向构造钢筋，其直径不应小于 $d/4$（d 为锚固钢筋的最大直径）；对梁、柱等构件间距不应大于 $5d$，对板、墙等构件间距不应大于 $10d$，且均不应大于 100mm（d 为锚固钢筋的最小直径）。

受拉钢筋锚固长度 l_a 表 1-11

钢筋种类	混凝土强度等级																
	C20	C25		C30		C35		C40		C45		C50		C55		≥C60	
	d≤25	d≤25	d>25	d≤25	d>25	d≤25	d>25	d≤25	d>25	d≤25	d>25	d≤25	d>25	d≤25	d>25	d≤25	d>25
HPB300	39d	34d	—	30d	—	28d	—	25d	—	24d	—	23d	—	22d	—	21d	—
HRB335	38d	33d	—	29d	—	27d	—	25d	—	23d	—	22d	—	21d	—	21d	—
HRB400、 HRBF400、 RRB400	—	40d	44d	35d	39d	32d	35d	29d	32d	28d	31d	27d	30d	26d	29d	25d	28d
HRB500、 HRBF500	—	48d	53d	43d	47d	39d	43d	36d	40d	34d	37d	32d	35d	31d	34d	30d	33d

6. 受拉钢筋抗震锚固长度

受拉钢筋抗震锚固长度，见表 1-12。

受拉钢筋抗震锚固长度 l_{aE} 表 1-12

钢筋种类		混凝土强度等级																
		C20	C25		C30		C35		C40		C45		C50		C55		≥C60	
		d≤25	d≤25	d>25	d≤25	d>25	d≤25	d>25	d≤25	d>25	d≤25	d>25	d≤25	d>25	d≤25	d>25	d≤25	d>25
HPB300	一、二级	45d	39d	—	35d	—	32d	—	29d	—	28d	—	26d	—	25d	—	24d	—
	三级	41d	36d	—	32d	—	29d	—	26d	—	25d	—	24d	—	23d	—	22d	—
HRB335	一、二级	44d	38d	—	33d	—	31d	—	29d	—	26d	—	25d	—	24d	—	24d	—
	三级	40d	35d	—	30d	—	28d	—	26d	—	24d	—	23d	—	22d	—	22d	—
HRB400、HRBF400、RRB400	一、二级	—	46d	51d	40d	45d	37d	40d	33d	37d	32d	36d	31d	35d	30d	33d	29d	32d
	三级	—	42d	46d	37d	41d	34d	37d	30d	34d	29d	33d	28d	32d	27d	30d	26d	29d
HRB500、HRBF500	一、二级	—	55d	61d	49d	54d	45d	39d	41d	46d	39d	43d	37d	40d	36d	39d	35d	38d
	三级	—	50d	56d	45d	49d	41d	45d	38d	42d	36d	39d	34d	37d	33d	36d	32d	35d

7. 纵向受拉钢筋搭接长度

纵向受拉钢筋搭接长度，见表 1-13。

纵向受拉钢筋搭接长度 l_l 表 1-13

钢筋种类及同一区段内搭接钢筋面积百分率		混凝土强度等级																
		C20	C25		C30		C35		C40		C45		C50		C55		C60	
		d≤25	d≤25	d>25	d≤25	d>25	d≤25	d>25	d≤25	d>25	d≤25	d>25	d≤25	d>25	d≤25	d>25	d≤25	d>25
HPB300	≤25%	47d	41d	—	36d	—	34d	—	30d	—	29d	—	28d	—	26d	—	25d	—
	50%	55d	48d	—	42d	—	39d	—	35d	—	34d	—	32d	—	31d	—	29d	—
	100%	62d	54d	—	48d	—	45d	—	40d	—	38d	—	37d	—	35d	—	34d	—
HRB335	≤25%	46d	40d	—	35d	—	32d	—	30d	—	28d	—	26d	—	25d	—	25d	—
	50%	53d	46d	—	41d	—	38d	—	35d	—	32d	—	31d	—	29d	—	29d	—
	100%	61d	53d	—	46d	—	43d	—	40d	—	37d	—	35d	—	34d	—	34d	—
HRB400、HRBF400、RRB400	≤25%	—	48d	53d	42d	47d	38d	42d	35d	38d	34d	37d	32d	36d	31d	35d	30d	34d
	50%	—	56d	62d	49d	55d	45d	49d	41d	45d	39d	43d	38d	42d	36d	41d	35d	39d
	100%	—	64d	70d	56d	62d	51d	56d	46d	51d	45d	50d	43d	48d	42d	46d	40d	45d
HRB500、HRBF500	≤25%	—	58d	64d	52d	56d	47d	52d	43d	48d	41d	44d	38d	42d	37d	41d	36d	40d
	50%	—	67d	74d	60d	66d	55d	60d	50d	56d	48d	52d	45d	49d	43d	48d	42d	46d
	100%	—	77d	85d	69d	75d	62d	69d	58d	64d	54d	59d	51d	56d	50d	54d	48d	53d

8. 纵向受拉钢筋抗震搭接长度

纵向受拉钢筋抗震搭接长度，见表1-14。

纵向受拉钢筋搭接长度 l_{lE}　　　　表 1-14

钢筋种类及同一区段内搭接钢筋面积百分率			混凝土强度等级															
			C20	C25		C30		C35		C40		C45		C50		C55		C60	
			$d\leqslant25$	$d\leqslant25$	$d>25$	$d\leqslant25$	$d>25$	$d\leqslant25$	$d>25$	$d\leqslant25$	$d>25$	$d\leqslant25$	$d>25$	$d\leqslant25$	$d>25$	$d\leqslant25$	$d>25$	$d\leqslant25$	$d>25$
一、二级抗震等级	HPB300	≤25%	54d	47d	—	42d	—	38d	—	35d	—	34d	—	31d	—	30d	—	29d	—
		50%	63d	55d	—	49d	—	45d	—	41d	—	39d	—	36d	—	35d	—	34d	—
	HRB335	≤25%	53d	46d	—	40d	—	37d	—	35d	—	31d	—	30d	—	29d	—	29d	—
		50%	62d	53d	—	46d	—	43d	—	41d	—	36d	—	35d	—	34d	—	34d	—
	HRB400 HRBF400	≤25	—	55d	61d	48d	54d	44d	48d	40d	44d	38d	43d	37d	42d	36d	40d	35d	38d
		50%	—	64d	71d	56d	63d	52d	56d	46d	52d	45d	50d	43d	49d	42d	46d	41d	45d
	HRB500 HRBF500	≤25%	—	66d	73d	59d	65d	54d	59d	48d	55d	47d	52d	44d	48d	43d	47d	42d	46d
		50%	—	77d	85d	69d	76d	63d	69d	57d	64d	55d	60d	52d	56d	50d	55d	49d	53d
三级抗震等级	HPB300	≤25%	49d	43d	—	38d	—	35d	—	31d	—	30d	—	29d	—	28d	—	26d	—
		50%	57d	50d	—	45d	—	41d	—	36d	—	35d	—	34d	—	32d	—	31d	—
	HRB335	≤25%	48d	42d	—	36d	—	34d	—	31d	—	29d	—	28d	—	26d	—	26d	—
		50%	56d	49d	—	42d	—	39d	—	36d	—	34d	—	32d	—	31d	—	31d	—
	HRB400 HRBF400	≤25	—	50d	55d	44d	49d	41d	44d	36d	41d	35d	40d	34d	38d	32d	36d	31d	35d
		50%	—	59d	64d	52d	57d	48d	52d	42d	48d	41d	46d	39d	45d	38d	42d	36d	41d
	HRB500 HRBF500	≤25%	—	60d	67d	54d	59d	49d	54d	46d	50d	43d	47d	41d	44d	40d	43d	38d	42d
		50%	—	70d	78d	63d	69d	57d	63d	53d	59d	50d	55d	48d	52d	46d	50d	45d	49d

9. 钢筋单位理论质量

钢筋单位理论质量是指钢筋每米长度的质量，单位是 kg/m。钢筋密度按 $7850kg/m^3$ 计算。

（1）热轧钢筋单位理论质量。热轧钢筋单位理论质量见表1-15。

热轧钢筋单位理论质量表　　　　表 1-15

公称直径（mm）	内径（mm）	纵横肋高 h、h_1（mm）	公称截面面积（mm²）	理论质量（kg/m）
6	5.8	0.6	28.27	0.222
8	7.7	0.8	50.27	0.395
10	9.6	1.0	78.54	0.617
12	11.5	1.2	113.10	0.888
14	13.4	1.4	153.94	1.208
16	15.4	1.5	201.06	1.578
18	17.3	1.6	254.47	1.998

续表

公称直径(mm)	内径(mm)	纵横肋高 h、h_1(mm)	公称截面面积(mm²)	理论质量(kg/m)
20	19.3	1.7	314.16	2.466
22	21.3	1.9	380.13	2.984
25	24.2	2.1	490.87	3.853
28	27.2	2.2	615.75	4.834
32	31.0	2.4	804.25	6.313
36	35.0	2.6	1017.88	7.990
40	38.7	2.9	1256.64	9.865
50	48.5	3.2	1963.50	15.413

注: 1. 质量允许偏差: 直径 6~12mm 为±7%, 直径 14~20mm 为±5%, 直径 22~50mm 为±4%。

  2. 热轧光圆钢筋无内径和肋高。无论是热轧光圆钢筋还是热轧带肋钢筋的公称横截面积和理论质量, 均按本表计算。

(2) 冷轧带肋钢筋单位理论质量。冷轧带肋钢筋单位理论质量见表 1-16。

冷轧带肋钢筋单位理论质量表　　　　表 1-16

公称直径(mm)	公称横截面积(mm²)	理论质量(kg/m)
5	19.63	0.154
6	28.27	0.222
7	38.48	0.302
8	50.27	0.395
9	63.62	0.499
10	78.54	0.617
12	113.10	0.888

注: 质量允许偏差为±4%。

(3) 冷轧扭钢筋单位理论质量。冷轧扭钢筋单位理论质量见表 1-17。

冷轧扭钢筋单位理论质量表　　　　表 1-17

强度级别	型号	标志直径(mm)	公称截面面积(mm²)	等效直径(mm)	截面周长(mm)	理论重量(kg/m)
CTB550	I	6.5	29.50	6.1	23.40	0.232
		8	45.30	7.6	30.00	0.356
		10	68.30	9.3	36.40	0.536
		12	96.14	11.1	43.40	0.755
	II	6.5	29.20	6.1	21.60	0.229
		8	42.30	7.3	26.02	0.332
		10	66.10	9.2	32.52	0.519
		12	92.74	10.9	38.52	0.728
	III	6.5	29.86	6.2	19.48	0.234
		8	45.24	7.6	23.88	0.355
		10	70.69	9.5	29.95	0.555

强度级别	型号	标志直径(mm)	公称截面面积(mm²)	等效直径(mm)	截面周长(mm)	理论重量(kg/m)
CTB650	Ⅲ	6.5	28.20	6.0	18.82	0.221
		8	42.73	7.4	23.17	0.335
		10	66.76	9.2	28.96	0.524

注：质量允许偏差不大于5%。

（4）冷拔螺旋钢筋单位理论质量。冷拔螺旋钢筋单位理论质量见表1-18。

冷拔螺旋钢筋单位理论质量表   表 1-18

公称直径(mm)	公称横截面积(mm²)	理论质量(kg/m)
4	12.57	0.099
5	19.63	0.154
6	28.27	0.222
7	38.48	0.302
8	50.27	0.395
9	63.62	0.499
10	78.54	0.617

注：质量允许偏差为±4%。

1.3.3 钢筋工程量计算依据

1. 理论依据

平法钢筋的计算主要依据结构施工图与结构施工图相关的各种标准图集等内容。

（1）结构施工图。

（2）国家建筑设计标准图集16G101，名称为混凝土结构施工图平面整体表示方法制图规则和构造详图。具体内容如下：

1）《混凝土结构施工图平面整体表示方法制图规则和构造详图（现浇混凝土框架、剪力墙、梁、板）》16G101-1；

2）《混凝土结构施工图平面整体表示方法制图规则和构造详图（现浇混凝土板式楼梯）》16G101-2；

3）《混凝土结构施工图平面整体表示方法制图规则和构造详图（独立基础、条形基础、筏形基础、桩基础）》16G101-3。

（3）相关结构标准图集（包括国家标准图集及地方标准图集）。

2. 根数取整规则

在甲、乙双方对钢筋量时经常遇到这样的问题，梁、柱的箍筋和板的受力筋是向上取整还是四舍五入取整，若遇见钢筋量很大的工程，这部分的钢筋差值还是比较惊人的。在钢筋根数计算中，按照钢筋间距计算出来的根数不是整数时，可以根据需要确定是向下取整、向上取整或四舍五入取整等。关于这个问题目前并没有明确、权威的规定。现以某框架梁箍筋布筋净距为 7500mm、布筋间距为 200mm 为例，来说明常见的几种根数取整方式。我们知道，7500/200＝37.5 根，见表 1-19。

根数计算表 表 1-19

序号	根数计算方式	计算结果	公式用途
1	布筋净距/间距,结果向上取整加 1	39 根	(1)向上取整方式应用较广。理由:因设计的间距可理解为"最大的间距",即大于这个间距结构上不允许,小于则可以。所以出现小数时,为保证这个限定的最大间距,必须向上取整; (2)当布筋构件两端设有钢筋,再加 1
2	布筋净距/间距,结果向下取整加 1	38 根	—
3	布筋净距/间距,结果向上取整	38 根	适用于以下情况: (1)当布筋构件两端不设钢筋时; (2)环形交圈构件
4	布筋净距/间距,结果向下取整	37 根	—
5	布筋净距/间距,结果四舍五入	38 根	当甲乙双方对取整方式有争议时,此方式为双方都较能接受的妥协方式

3. 定尺长度

"定尺"是由产品标准规定的钢坯和成品钢材的特定长度。按定尺生产产品，钢材的生产和使用部门能有效地节约金属，便于组织生产，充分利用设备能力，简化包装，方便运输。不同的国家对钢材定尺长度都有专门的规定。定尺就是按国标的规格供货。非尺是按客户的要求供货，例如钢筋长度统一为 9m，而买方只要 6m 的，供货商只能供给其 6m 的钢材，这就是非尺。

（1）施工下料与预结算抽筋关于定尺理解的差异。预算长度按设计图示尺寸计算，它包括设计已规定的搭接长度，对设计未规定的搭接长度不计算（设计未规定的搭接长度考虑在定额损耗量里，清单计价则考虑在价格组成里）。不过实际操作时都按定尺长度计算搭接长度。而下料长度，则是根据施工进料的定尺情况、实际采用的钢筋连接方式并且按照施工规范对钢筋接头数量、位置等具体规定要求考虑全部搭接在内的计算长度（相对定额消耗量不包括制作损耗）。

关于定尺长度的确定，施工下料与预结算的钢筋工程量计算是不同的。施工下料时要结合所购材料的实际定尺，但是预结算钢筋工程量的计算，仅需遵守双方合同中约定的计价依据。

（2）预结算抽筋如何确定定尺长度。计算钢筋搭接量时定尺长度的确定由以下两方面确定：

1）要分清是施工下料还是钢筋工程量计算，施工下料时搭接点的确定比较复杂，钢筋搭接位置与构件最小受力点（弯矩）的位置有关。但钢筋工程量的计算可不考虑受力，直接按每定尺长度确定一个搭接即可。

2) 要注意定尺长度的确定要有依据。这个依据就是施工合同中约定的计量规则。如果合同约定按某定额计算，定尺长度的确定就按定额中规定的定尺长度计算。若合同中对此不明确，需要按行业规定或报业主签证确认。

4. 箍筋尺寸的选取

一般来说，结构施工图中所标注的钢筋尺寸是钢筋的外皮尺寸，它和钢筋的下料尺寸不是一回事。钢筋结构图中标注的钢筋尺寸是设计尺寸（外皮尺寸），不是下料尺寸。传统法图纸中详图的钢筋长度是不能直接拿来下料的。计算钢筋下料长度，就是计算钢筋中心线的长度。按外皮计算钢筋长度是指按照钢筋外包尺寸计算长度，按中轴线计算钢筋长度是指按照钢筋中心线尺寸计算长度。前者计算出的工程量要比后者大。因为钢筋拉伸及弯折后的中心线长度不变，内包尺寸压缩（变小），外包尺寸伸展（变大）。例如，钢筋下料中以外包尺寸计算下料长度，会导致钢筋外缘保护层厚度不够甚至外露。正确的做法是以中心线计算钢筋长度。按外皮计算钢筋长度与按中轴线计算钢筋长度存在的差值，施工中称为"量度差值"，在钢筋下料时应予扣除。

按外皮计算钢筋长度是计算到外皮再锚固，按中轴线计算钢筋是计算至中轴线再锚固的，前者计算出的工程量要比后者大。按外皮计算钢筋长度和按中轴线计算钢筋的区别，就是箍筋有区别。例如，按外皮计算需要加 8 个箍筋的直径，按中轴线计算就不用。

1.3.4　钢筋工程量计算意义

在工程造价的计算中，钢筋用量的计算最为烦琐，钢筋用量计算是否正确对于工程造价的影响也最大。钢筋计算过程主要是：从结构平面图的钢筋标注出发，根据结构的特点和钢筋所在的部位，计算钢筋的长度和根数，最后得出钢筋的重量，造价人员及工程预算人员都是将钢筋重量作为钢筋工程量的。

关于钢筋长度，计算时分为预算长度和下料长度两方面。下料长度是钢筋工或者钢筋下料人员所需要的钢筋长度。对于单根钢筋来说，预算长度和下料长度是不同的，预算长度是按照钢筋的外皮计算，而下料长度要考虑钢筋制作时的弯曲伸长率，因此是按照钢筋的中轴线计算。例如，1 根预算长度为 1m 的钢筋，其下料长度是小于 1m 的，因为钢筋在弯曲过程中会变长。如果按照 1m 来下料，肯定会长一些的。本书仅学习讨论预算长度的计算，对于钢筋下料长度计算不做详细介绍。

2 工程量清单计价规范（计量规则）相关规定

2.1 《建设工程工程量清单计价规范》GB 50500—2013 的相关规定

2.1.1 《建设工程工程量清单计价规范》编制依据

《建设工程工程量清单计价规范》GB 50500—2013 是以《建设工程工程量清单计价规范》GB 50500—2008 为基础，以建设部发布的工程基础定额、消耗量定额、预算定额以及各省、自治区、直辖市或行业建设主管部门发布的工程计价定额为参考，以工程计价相关的国家或行业的技术标准、规范、规程为依据，收集近年来的新施工技术、工艺和新材料的项目资料，经过整理，在全国广泛征求意见后编制而成。

2.1.2 《建设工程工程量清单计价规范》的特点

1. 扩大了计价计量规范的适用范围

《建设工程工程量清单计价规范》GB 50500—2013（以下简称为"2013 规范"）明确规定："适用于建设工程发承包及实施阶段的计价活动"，表明了不分何种计价方式，建设工程发承包及实施阶段的计价活动必须执行"2013 规范"。

2. 深化了工程造价运行机制的改革

"2013 规范"坚持了宏观调控、企业自主报价、竞争形成价格、监管行之有效的工程造价的管理模式的改革方向。在条文设置上，使其工程量规则标准化、工程计价行为规范化、工程造价形成市场化。

3. 注重了施工合同的衔接

"2013 规范"明确定义为适用于"工程施工发承包及实施阶段"，因此在名词、术语、条文设置上尽可能与施工合同相衔接，既重视规范的指引和指导作用，又充分尊重发承包双方的意思自治，为造价管理与合同管理相统一搭建了平台。

4. 规范了不同合同形式的计量与价款交付

"2013 规范"针对单价合同、总价合同给出了明确定义，指明了其在计量和合同价款中的不同之处，提出了单价合同中的总价项目和总价合同的价款支付分解及支付的解决办法。

5. 统一了合同价款调整的分类内容

"2013 规范"按照形成合同价款调整的因素，归纳为 5 类 14 个方面，并明确将索赔也纳入合同价款调整的内容，每一方面均有具体的条文规定，为规范合同价款调整提供依据。

6. 确立了施工全过程计价控制与工程结算的原则

"2013规范"从合同约定到竣工结算的全过程均设置了可操作性的条文，体现了发承包双方应在施工全过程中管理工程造价，明确规定竣工结算应依据施工过程中的发承包双方确认的计量、计价资料办理的原则，为进一步规范竣工结算提供了依据。

7. 提供了合同价款争议解决的方法

"2013规范"将合同价款争议专列一章，根据现行法律规定立足于把争议解决在萌芽状态，为及时并有效地解决施工过程中的合同价款争议，提出了不同的解决方法。

2.1.3 《建设工程工程量清单计价规范》中关于工程量清单计价的基本规定

1. 计价方式

（1）使用国有资金投资的建设工程发承包，必须采用工程量清单计价。

（2）非国有资金投资的建设工程，宜采用工程量清单计价。

（3）不采用工程量清单计价的建设工程，应执行《建设工程工程量清单计价规范》GB 50500—2013除工程量清单等专门性规定外的其他规定。

（4）工程量清单应采用综合单价计价。

（5）措施项目中的安全文明施工费必须按国家或省级、行业建设主管部门的规定计算，不得作为竞争性费用。

（6）规费和税金必须按国家或省级、行业建设主管部门的规定计算，不得作为竞争性费用。

2. 发包人提供材料和机械设备

（1）发包人提供的材料和工程设备（以下简称甲供材料）应在招标文件中按照表2-1的规定填写《发包人提供材料和工程设备一览表》，写明甲供材料的名称、规格、数量、单价、交货方式、交货地点等。

承包人投标时，甲供材料单价应计入相应项目的综合单价中。签约后，发包人应按合同约定扣除甲供材料款，不予支付。

（2）承包人应根据合同工程进度计划的安排，向发包人提交甲供材料交货的日期计划。发包人应按计划提供。

（3）发包人提供的甲供材料如规格、数量或质量不符合合同要求，或由于发包人原因发生交货日期延误、交货地点及交货方式变更等情况的，发包人应承担由此增加的费用和（或）工期延误，并应向承包人支付合理利润。

（4）发承包双方对甲供材料的数量发生争议不能达成一致的，应按照相关工程的计价定额同类项目规定的材料消耗量计算。

（5）若发包人要求承包人采购已在招标文件中确定为甲供材料的，材料价格应由发承包双方根据市场调查确定，并应另行签订补充协议。

发包人提供材料和工程设备一览表 表 2-1

工程名称： 标段： 第 页 共 页

序号	材料(工程设备)名称、规格、型号	单位	数量	单价/元	交货方式	送达地点	备注

注：此表由招标人填写，供投标人在投标报价、确定总承包服务费时参考。

3. 承包人提供材料和工程设备

（1）除合同约定的发包人提供的甲供材料外，合同工程所需的材料和工程设备应由承包人提供，承包人提供的材料和工程设备均应由承包人负责采购、运输和保管。

（2）承包人应按合同约定将采购材料和工程设备的供货人及品种、规格、数量和供货时间等提交发包人确认，并负责提供材料和工程设备的质量证明文件，满足合同约定的质量标准。

（3）对承包人提供的材料和工程设备经检测不符合合同约定的质量标准，发包人应立即要求承包人更换，由此增加的费用和（或）工期延误应由承包人承担。对发包人要求检测承包人已具有合格证明的材料、工程设备，但经检测证明该项材料、工程设备符合合同约定的质量标准，发包人应承担由此增加的费用和（或）工期延误，并向承包人支付合理利润。

4. 计价风险

（1）建设工程发承包。必须在招标文件、合同中明确计价中的风险内容及其范围，不得采用无限风险、所有风险或类似语句规定计价中的风险内容及范围。

（2）由于下列因素出现，影响合同价款调整的，应由发包人承担：

1）国家法律、法规、规章和政策发生变化；

2）省级或行业建设主管部门发布的人工费调整，但承包人对人工费或人工单价的报价高于发布的除外；

3）由政府定价或政府指导价管理的原材料等价格进行了调整。

因承包人原因导致工期延误的，应按《建设工程工程量清单计价规范》GB 50500—2013 中"合同价款调整"中"法律法规变化"和"物价变化"中的有关规定进行处理。

（3）由于市场物价波动影响合同价款的，例如工程造价中的建筑材料、燃料等价格风险，应由发承包双方合理分摊，并按规定填写《承包人提供主要材料和工程设备一览表》作为合同附件；当合同中没有约定，发承包双方发生争议时，应按《建设工程工程量清单计价规范》GB 50500—2013 中"合同价款调整"中"物价变化"的相关规定调整合同价款。

（4）由于承包人使用机械设备、施工技术以及组织管理水平等自身原因造成施工费用增加的，应由承包人全部承担。

（5）当不可抗力发生而影响合同价款时，应按《建设工程工程量清单计价规范》GB 50500—2013中"合同价款调整"中"不可抗力"的相关规定执行。

2.2 《房屋建筑与装饰工程工程量计算规范》GB 50854—2013 的相关规定

2.2.1 《房屋建筑与装饰工程工程量计算规范》中基础构件清单工程量计算规则

1. 现浇混凝土基础

现浇混凝土基础工程量清单计价规则见表 2-2。

现浇混凝土基础（编码：010501） 表 2-2

项目编码	项目名称	项目特征	计量单位	工程量计算规则	工程内容
010501001	垫层	1. 混凝土种类 2. 混凝土强度等级	m³	按设计图示尺寸以体积计算。不扣除伸入承台基础的桩头所占体积	1. 模板及支撑制作、安装、拆除、堆放、运输及清理模内杂物、刷隔离剂等
010501002	带形基础				
010501003	独立基础				
010501004	满堂基础				
010501005	桩承台基础				
010501006	设备基础	1. 混凝土种类 2. 混凝土强度等级 3. 灌浆材料及其强度等级	m³	按设计图示尺寸以体积计算。不扣除伸入承台基础的桩头所占体积	2. 混凝土制作、运输、浇筑、振捣、养护

2. 桩基工程

（1）打桩。打桩工程量清单计价规则见表 2-3。

打桩（编号：010301） 表 2-3

项目编码	项目名称	项目特征	计量单位	工程量计算规则	工作内容
010301001	预制钢筋混凝土方桩	1. 地层情况 2. 送桩深度、桩长 3. 桩截面 4. 桩倾斜度 5. 沉桩方法 6. 接桩方式 7. 混凝土强度等级	1. m 2. m³ 3. 根	1. 以米计量，按设计图示尺寸以桩长（包括桩尖）计算 2. 以立方米计量，按设计图示截面积乘以桩长（包括桩尖）以实体积计算 3. 以根计量，按设计图示数量计算	1. 工作平台搭拆 2. 桩机竖拆、移位 3. 沉桩 4. 接桩 5. 送桩
010301002	预制钢筋混凝土管桩	1. 地层情况 2. 送桩深度、桩长 3. 桩外径、壁厚 4. 桩倾斜度 5. 混凝土强度等级 6. 填充材料种类 7. 防护材料种类			1. 工作平台搭拆 2. 桩机竖拆、移位 3. 沉桩 4. 接桩 5. 送桩 6. 桩尖制作安装 7. 填充材料、刷防护材料

续表

项目编码	项目名称	项目特征	计量单位	工程量计算规则	工作内容
010301003	钢管桩	1. 地层情况 2. 送桩深度、桩长 3. 材质 4. 管径、壁厚 5. 桩倾斜度 6. 沉桩方法 7. 填充材料种类 8. 防护材料种类	1. t 2. 根	1. 以吨计量，按设计图示尺寸以质量计算 2. 以根计量，按设计图示数量计算	1. 工作平台搭拆 2. 桩机竖拆、移位 3. 沉桩 4. 接桩 5. 送桩 6. 切割钢管、精割盖帽 7. 管内取土 8. 填充材料、刷防护材料
010301004	截(凿)桩头	1. 桩类型 2. 桩头截面、高度 3. 混凝土强度等级 4. 有无钢筋	1. m³ 2. 根	1. 以立方米计量，按设计桩截面乘以桩头长度以体积计算 2. 以根计量，按设计图示数量计算	1. 截(切割)桩头 2. 凿平 3. 废料外运

（2）灌注桩。灌注桩工程量清单计价规则见表 2-4。

灌注桩（编号：010302） 表 2-4

项目编码	项目名称	项目特征	计量单位	工程量计算规则	工作内容
010302001	泥浆护壁成孔灌注桩	1. 地层情况 2. 空桩长度、桩长 3. 桩径 4. 成孔方法 5. 护筒类型、长度 6. 混凝土类别、强度等级	1. m 2. m³ 3. 根	1. 以米计量，按设计图示尺寸以桩长(包括桩尖)计算 2. 以立方米计量，按不同截面在桩上范围内以体积计算 3. 以根计量，按设计图示数量计算	1. 护筒埋设 2. 成孔、固壁 3. 混凝土制作、运输、灌注、养护 4. 土方、废泥浆外运 5. 打桩场地硬化及泥浆池、泥浆沟
010302002	沉管灌注桩	1. 地层情况 2. 空桩长度、桩长 3. 复打长度 4. 桩径 5. 沉管方法 6. 桩尖类型 7. 混凝土类别、强度等级			1. 打(沉)拔钢管 2. 桩尖制作、安装 3. 混凝土制作、运输、灌注、养护
010302003	干作业成孔灌注桩	1. 地层情况 2. 空桩长度、桩长 3. 桩径 4. 扩孔直径、高度 5. 成孔方法 6. 混凝土类别、强度等级			1. 成孔、扩孔 2. 混凝土制作、运输、灌注、振捣、养护

续表

项目编码	项目名称	项目特征	计量单位	工程量计算规则	工作内容
010302004	挖孔桩土（石）方	1. 土（石）类别 2. 挖孔深度 3. 弃土（石）运距	m^3	按设计图示尺寸（含护壁）截面积乘以挖孔深度以立方米计算	1. 排地表水 2. 挖土、凿石 3. 基底钎探 4. 运输
010302005	人工挖孔灌注桩	1. 桩芯长度 2. 桩芯直径、扩底直径、扩底高度 3. 护壁厚度、高度 4. 护壁混凝土类别、强度等级 5. 桩芯混凝土类别、强度等级	1. m^3 2. 根	1. 以立方米计量，按桩芯混凝土体积计算 2. 以根计量，按设计图示数量计算	1. 护壁制作 2. 混凝土制作、运输、灌注、振捣、养护
010302006	钻孔压浆桩	1. 地层情况 2. 空钻长度、桩长 3. 钻孔直径 4. 水泥强度等级	1. m 2. 根	1. 以米计量，按设计图示尺寸以桩长计算 2. 以根计量，按设计图示数量计算	钻孔、下注浆管、投放骨料、浆液制作、运输、压浆
010302007	桩底注浆	1. 注浆导管材料、规格 2. 注浆导管长度 3. 单孔注浆量 4. 水泥强度等级	孔	按设计图示以注浆孔数计算	1. 注浆导管制作、安装 2. 浆液制作、运输、压浆

2.2.2 《房屋建筑与装饰工程工程量计算规范》中柱构件清单工程量计算规则

1. 现浇混凝土柱

现浇混凝土柱工程量清单计价规则见表 2-5。

现浇混凝土柱（编码：010502）　　　　　　　　表 2-5

项目编码	项目名称	项目特征	计量单位	工程量计算规则	工作内容
010502001	矩形柱	1. 混凝土类别 2. 混凝土强度等级	m^3	按设计图示尺寸以体积计算。不扣除构件内钢筋，预埋铁件所占体积。型钢混凝土柱扣除构件内型钢所占体积 柱高： 1. 有梁板的柱高，应自柱基上表面（或楼板上表面）至上一层楼板上表面之间的高度计算 2. 无梁板的柱高，应自柱基上表面（或楼板上表面）至柱帽下表面之间的高度计算 3. 框架柱的柱高：应自柱基上表面至柱顶高度计算 4. 构造柱按全高计算，嵌接墙体部分（马牙槎）并入柱身体积 5. 依附柱上的牛腿和升板的柱帽，并入柱身体积计算	1. 模板及支架（撑）制作、安装、拆除、堆放、运输及清理模内杂物、刷隔离剂等 2. 混凝土制作、运输、浇筑、振捣、养护
010502002	构造柱				
010502003	异形柱	1. 柱形状 2. 混凝土类别 3. 混凝土强度等级			

在计算混凝土柱的体积时，造价人员要牢记柱高的规定，按照柱截面是否变化，分段通长计算其体积。也就是说，框架柱与框架梁相交的节点部分的混凝土计算到柱中。计算梁的混凝土体积时，梁长统计到柱内边，即按照梁的净长计算。

2. 预制混凝土柱

预制混凝土柱工程量清单计价规则见表 2-6。

预制混凝土柱（编码：010509） 表 2-6

项目编码	项目名称	项目特征	计量单位	工程量计算规则	工程内容
010509001	矩形柱	1. 图代号 2. 单件体积 3. 安装高度 4. 混凝土强度等级 5. 砂浆（细石混凝土）强度等级、配合比	1. m³ 2. 根	1. 以立方米计量，按设计图示尺寸以体积计算 2. 以根计量，按设计图示尺寸以数量计算	1. 模板制作、安装、拆除、堆放、运输及清理模内杂物、刷隔离剂等 2. 混凝土制作、运输、浇筑、振捣、养护 3. 构件运输、安装 4. 砂浆制作、运输 5. 接头灌缝、养护
010509002	异形柱				

2.2.3 《房屋建筑与装饰工程工程量计算规范》中剪力墙构件清单工程量计算规则

现浇混凝土墙工程量清单计价规则见表 2-7。

现浇混凝土墙（编码：010504） 表 2-7

项目编码	项目名称	项目特征	计量单位	工程量计算规则	工作内容
010504001	直形墙	1. 混凝土类别 2. 混凝土强度等级	m³	按设计图示尺寸以体积计算扣除门窗洞口及单个面积大于 0.3m² 的孔洞所占体积，墙垛及突出墙面部分并入墙体积内计算	1. 模板及支架（撑）制作、安装、拆除、堆放、运输及清理模内杂物、刷隔离剂等 2. 混凝土制作、运输、浇筑、振捣、养护
010504002	弧形墙				
010504003	短肢剪力墙				
010504004	挡土墙				

从上表中，我们可以得出，混凝土墙（即剪力墙）工程量计算公式为：

$$V = （墙厚×墙长-门窗洞口）×墙高+突出墙面部分$$

2.2.4 《房屋建筑与装饰工程工程量计算规范》中梁构件清单工程量计算规则

1. 现浇混凝土梁

现浇混凝土梁工程量清单计价规则见表 2-8。

现浇混凝土梁（编码：010503） 表 2-8

项目编码	项目名称	项目特征	计量单位	工程量计算规则	工作内容
010503001	基础梁	1. 混凝土类别 2. 混凝土强度等级	m³	按设计图示尺寸以体积计算。伸入墙内的梁头、梁垫并入梁体积内 梁长 1. 梁与柱连接时，梁长算至柱侧面 2. 主梁与次梁连接时，次梁长算至主梁侧面	1. 模板及支架（撑）制作、安装、拆除、堆放、运输及清理模内杂物、刷隔离剂等 2. 混凝土制作、运输、浇筑、振捣、养护
010503002	矩形梁				
010503003	异形梁				
010503004	圈梁				
010503005	过梁				
010503006	弧形、拱形梁				

2. 预制混凝土梁

预制混凝土梁工程量清单计价规则见表 2-9。

预制混凝土梁（编码：010510）　　　　　　　表 2-9

项目编码	项目名称	项目特征	计量单位	工程量计算规则	工程内容
010510001	矩形梁	1. 图代号 2. 单件体积 3. 安装高度 4. 混凝土强度等级 5. 砂浆（细石混凝土）强度等级、配合比	1. m³ 2. 根	1. 以立方米计量，按设计图示尺寸以体积计算 2. 以根计量，按设计图示尺寸以数量计算	1. 模板制作、安装、拆除、堆放、运输及清理模内杂物、刷隔离剂等 2. 混凝土制作、运输、浇筑、振捣、养护 3. 构件运输、安装 4. 砂浆制作、运输 5. 接头灌缝、养护
010510002	异形梁				
010510003	过梁				
010510004	拱形梁				
010510005	鱼腹式吊车梁				
010510006	其他梁				

2.2.5 《房屋建筑与装饰工程工程量计算规范》中板构件清单工程量计算规则

1. 现浇混凝土板

现浇混凝土板工程量清单计价规则见表 2-10。

现浇混凝土板（编码：010505）　　　　　　　表 2-10

项目编码	项目名称	项目特征	计量单位	工程量计算规则	工作内容
010505001	有梁板	1. 板底标高 2. 板厚度 3. 混凝土强度等级 4. 混凝土拌合料要求	m³	按设计图示尺寸以体积计算。不扣除构件内钢筋、预埋铁件及单个面积≤0.3m² 的柱、垛以及孔洞所占体积 压形钢板混凝土楼板扣除构件内压形钢板所占体积 有梁板（包括主、次梁与板）按梁、板体积之和计算，无梁板按板和柱帽体积之和计算，各类板伸入墙内的板头并入板体积内，薄壳板的肋、基梁并入薄壳体积内计算	1. 模板及支架（撑）制作、安装、拆除、堆放、运输及清理模内杂物、刷隔离剂等 2. 混凝土制作、运输、浇筑、振捣、养护
010505002	无梁板				
010505003	平板				
010505004	拱板				
010505005	薄壳板		m³		
010505006	栏板				
010505007	天沟(檐沟)、挑檐板	1. 混凝土强度等级 2. 混凝土拌合料要求		按设计图示尺寸以体积计算	
010505008	雨篷、悬挑板、阳台板			按设计图示尺寸以墙外部分体积计算。包括伸出墙外的牛腿和雨篷反挑檐的体积	
010505009	空心板			按设计图示尺寸以体积计算。空心板（GBF 高强薄壁蜂巢芯板等）应扣除空心部分体积	
010505010	其他板			按设计图示尺寸以体积计算	

　　注：现浇挑檐、天沟板、雨篷、阳台与板（包括屋面板、楼板）连接时，以外墙外边线为分界线；与圈梁（包括其他梁）连接时，以梁外边线为分界线。外边线以外为挑檐、天沟、雨篷或阳台。

2. 预制混凝土板

预制混凝土板工程量清单计价规则见表 2-11。

预制混凝土板（编码：010512）　　　　　　表 2-11

项目编码	项目名称	项目特征	计量单位	工程量计算规则	工程内容
010512001	平板	1. 图代号 2. 单件体积 3. 安装高度 4. 混凝土强度等级 5. 砂浆（细石混凝土）强度等级、配合比	1. m³ 2. 块	1. 以立方米计量，按设计图示尺寸以体积计算。不扣除单个面积≤300mm×300mm 的孔洞所占体积，扣除空心板空洞体积 2. 以块计量，按设计图示尺寸以"数量"计算	1. 模板制作、安装、拆除、堆放、运输及清理模内杂物、刷隔离剂等 2. 混凝土制作、运输、浇筑、振捣、养护 3. 构件运输、安装 4. 砂浆制作、运输 5. 接头灌缝、养护
010512002	空心板				
010512003	槽形板				
010512004	网架板				
010512005	折线板				
010512006	带肋板				
010512007	大型板				
010512008	沟盖板、井盖板、井圈	1. 单件体积 2. 安装高度 3. 混凝土强度等级 4. 砂浆强度等级、配合比	1. m³ 2. 块（套）	1. 以立方米计量，按设计图示尺寸以体积计算 2. 以块计量，按设计图示尺寸以"数量"计算	

2.2.6 《房屋建筑与装饰工程工程量计算规范》中楼梯清单工程量计算规则

1. 现浇混凝土楼梯

现浇混凝土楼梯工程量清单计价规则见表 2-12。

现浇混凝土楼梯（编码：010506）　　　　　　表 2-12

项目编码	项目名称	项目特征	计量单位	工程量计算规则	工程内容
010506001	直形楼梯	1. 混凝土类别 2. 混凝土强度等级	1. m² 2. m³	1. 以平方米计量，按设计图示尺寸以水平投影面积计算。不扣除宽度≤500mm 的楼梯井，伸入墙内部分不计算 2. 以立方米计量，按设计图示尺寸以体积计算	1. 模板及支架（撑）制作、安装、拆除、堆放、运输及清理模内杂物、刷隔离剂等 2. 混凝土制作、运输、浇筑、振捣、养护
010506002	弧形楼梯				

2. 预制混凝土楼梯

预制混凝土楼梯工程量清单计价规则见表 2-13。

预制混凝土楼梯（编码：010513）　　　　　　表 2-13

项目编码	项目名称	项目特征	计量单位	工程量计算规则	工程内容
010513001	楼梯	1. 楼梯类型 2. 单件体积 3. 混凝土强度等级 4. 砂浆（细石混凝土）强度等级	1. m³ 2. 段	1. 以立方米计量，按设计图示尺寸以体积计算。扣除空心踏步板空洞体积 2. 以段计量，按设计图示数量计算	1. 模板制作、安装、拆除、堆放、运输及清理模内杂物、刷隔离剂等 2. 混凝土制作、运输、浇筑、振捣、养护 3. 构件运输、安装 4. 砂浆制作、运输 5. 接头灌缝、养护

2.2.7 《房屋建筑与装饰工程工程量计算规范》中钢筋工程及螺栓、铁件清单工程量计算规则

1. 钢筋工程

钢筋工程工程量清单计算规则见表 2-14。

钢筋工程（编码：010515）   表 2-14

项目编码	项目名称	项目特征	计量单位	工程量计算规则	工程内容
010515001	现浇混凝土钢筋	钢筋种类、规格	t	按设计图示钢筋（网）长度（面积）乘单位理论质量计算	1. 钢筋制作、运输 2. 钢筋安装 3. 焊接
010515002	预制构件钢筋				
010515003	钢筋网片				1. 钢筋网制作、运输 2. 钢筋网安装 3. 焊接
010515004	钢筋笼				1. 钢筋笼制作、运输 2. 钢筋笼安装 3. 焊接
010515005	先张法预应力钢筋	1. 钢筋种类、规格 2. 锚具种类		按设计图示钢筋长度乘单位理论质量计算	1. 钢筋制作、运输 2. 钢筋张拉
010515006	后张法预应力钢筋	1. 钢筋种类、规格 2. 钢丝种类、规格 3. 钢绞线种类、规格 4. 锚具种类 5. 砂浆强度等级	t	按设计图示钢筋（丝束、绞线）长度乘单位理论质量计算 1. 低合金钢筋两端均采用螺杆锚具时，钢筋长度按孔道长度减 0.35m 计算，螺杆另行计算 2. 低合金钢筋一端采用镦头插片，另一端采用螺杆锚具时，钢筋长度按孔道长度计算，螺杆另行计算 3. 低合金钢筋一端采用镦头插片，另一端采用帮条锚具时，钢筋增加 0.15m 计算；两端均采用帮条锚具时，钢筋长度按孔道长度增加 0.3m 计算 4. 低合金钢筋采用后张混凝土自锚时，钢筋长度按孔道长度增加 0.35m 计算 5. 低合金钢筋（钢绞线）采用 JM、XM、QM 型锚具，孔道长度≤20m 时，钢筋长度增加 1m 计算；孔道长度＞20m 时，钢筋长度增加 1.8m 计算 6. 碳素钢丝采用锥形锚具，孔道长度≤20m 时，钢丝束长度按孔道长度增加 1m 计算；孔道长度＞20m 时，钢丝束长度按孔道长度增加 1.8m 计算 7. 碳素钢丝采用镦头锚具时，钢丝束长度按孔道长度增加 0.35m 计算	1. 钢筋、钢丝、钢绞线制作、运输 2. 钢筋、钢丝、钢绞线安装 3. 预埋管孔道铺设 4. 锚具安装 5. 砂浆制作、运输 6. 孔道压浆、养护
010515007	预应力钢丝				
010515008	预应力钢绞线				
010515009	支撑钢筋（铁马）	1. 钢筋种类 2. 规格		按钢筋长度乘单位理论质量计算	钢筋制作、焊接、安装
01051510	声测管	1. 材质 2. 规格型号		按设计图示尺寸质量计算	1. 检测管截断、封头 2. 套管制作、焊接 3. 定位、固定

2. 螺栓、铁件

螺栓、铁件工程量清单计算规则见表 2-15。

螺栓、铁件（编码：010516） 表 2-15

项目编码	项目名称	项目特征	计量单位	工程量计算规则	工程内容
010516001	螺栓	1. 螺栓种类 2. 规格	t	按设计图示尺寸以质量计算	1. 螺栓、铁件制作、运输 2. 螺栓、铁件安装
010516002	预埋铁件	1. 钢材种类 2. 规格 3. 铁件尺寸			
010516003	机械连接	1. 连接方式 2. 螺纹套筒种类 3. 规格	个	按数量计算	1. 钢筋套丝 2. 套筒连接

2.2.8 工程量清单相关说明

1. 钢筋工程清单项目相关问题说明

（1）现浇构件中伸出构件的锚固钢筋应并入钢筋工程量内。除设计（包括规范规定）标明的搭接外，其他施工搭接不计算工程量，在综合单价中综合考虑。

（2）现浇构件中固定位置的支撑钢筋、双层钢筋用的"铁马"在编制工程量清单时，如果设计未明确，其工程数量可为暂估量，结算时按现场签证数量计算。

2.《房屋建筑与装饰工程工程量计算规范》中与钢筋工程有关的其他说明

（1）地下连续墙和喷射混凝土（砂浆）的钢筋网、咬合灌注桩的钢筋笼及钢筋混凝土支撑的钢筋制作、安装，按"混凝土及钢筋混凝土工程"中相关项目列项。

（2）预制钢筋混凝土管桩桩顶与承台的连接构造按"混凝土及钢筋混凝土工程"相关项目列项。

（3）混凝土灌注桩的钢筋笼制作、安装，按"混凝土及钢筋混凝土工程"中相关项目编码列项。

（4）砖砌体内钢筋加固，应按"混凝土及钢筋混凝土工程"中相关项目编码列项。

（5）检查井内的爬梯按"混凝土及钢筋混凝土工程"中相关项目编码列项；井内的混凝土构件按"混凝土及钢筋混凝土工程"中混凝土及钢筋混凝土预制构件编码列项。

（6）砌体内加筋、墙体拉结的制作、安装，应按"混凝土及钢筋混凝土工程"中相关项目编码列项。

（7）砌块排列应上、下错缝搭砌，如果搭错缝长度满足不了规定的压搭要求，应采取压砌钢筋网片的措施，具体构造要求按设计规定。若设计无规定时，应注明由投标人根据工程实际情况自行考虑；钢筋网片按"金属结构工程"中相应编码列项。

2.3 《市政工程工程量计算规范》GB 50857—2013 的相关规定

2.3.1 《市政工程工程量计算规范》中钢筋工程工程量计算规则

钢筋工程工程量计算规则见表 2-16。

钢筋工程（编码：040901） 表 2-16

项目编码	项目名称	项目特征	计量单位	工程量计算规则	工程内容
040901001	现浇构件钢筋	1. 钢筋种类 2. 钢筋规格		按设计图示尺寸以质量计算	1. 制作 2. 运输 3. 安装
040901002	预制构件钢筋				
040901003	钢筋网片				
040901004	钢筋笼				
040901005	先张法预应力钢筋（钢丝、钢绞线）	1. 部位 2. 预应力筋种类 3. 预应力筋规格	t		1. 张拉台座制作、安装、拆除 2. 预应力筋制作、张拉
040901006	后张法预应力钢筋（钢丝束、钢绞线）	1. 部位 2. 预应力筋种类 3. 预应力筋规格 4. 锚具种类、规格 5. 砂浆强度等级 6. 压浆管材质、规格			1. 预应力筋孔道制作、安装 2. 锚具安装 3. 预应力筋制作、张拉 4. 安装压浆管道 5. 孔道压浆
040901007	型钢	1. 材料种类 2. 材料规格			1. 制作 2. 运输 3. 安装、定位
040901008	植筋	1. 材料种类 2. 材料规格 3. 植入深度 4. 植筋胶品种	根	按设计图示数量计算	1. 定位、钻孔、清孔 2. 钢筋加工成型 3. 注胶、植筋 4. 抗拔试验 5. 养护
040901009	预埋铁件		t	按设计图示尺寸以质量计算	1. 制作 2. 运输 3. 安装
040901010	高强度螺栓	1. 材料种类 2. 材料规格	1. t 2. 套	1. 按设计图示尺寸以质量计算 2. 按设计图示数量计算	

2.3.2 工程量清单相关说明

（1）现浇构件中伸出构件的锚固钢筋、预制构件的吊钩和固定位置的支撑钢筋等，应并入钢筋工程量内。除设计标明的搭接外，其他施工搭接不计算工程量，由投标人在报价中综合考虑。

（2）"钢筋工程"所列"型钢"是指劲性骨架的型钢部分。

（3）凡型钢与钢筋组合（除预埋铁件外）的钢格栅，应分别列项。

（4）水泥混凝土路面中传力杆和拉杆的制作、安装，应按"钢筋工程"中相关项目编码列项。

（5）混凝土灌注桩的钢筋笼制作、安装，按"钢筋工程"中相关项目编码列项。

（6）地下连续墙和喷射混凝土的钢筋网制作、安装，按"钢筋工程"中相关项目编码列项。

2.4 《园林绿化工程工程量计算规范》GB 50858—2013 的相关规定

2.4.1 园路、园桥工程的相关规定

（1）园路、园桥工程中，如遇某些构配件使用钢筋混凝土或金属构件时，应按现行国家标准《房屋建筑与装饰工程工程量计算规范》GB 50854—2013 或《市政工程工程量计算规范》GB 50857—2013 相关项目编码列项。

（2）混合类构件园桥按现行国家标准《房屋建筑与装饰工程工程量计算规范》GB 50854—2013 或《通用安装工程工程量计算规范》GB 50856—2013 相关项目编码列项。

（3）钢筋混凝土仿木桩驳岸，其钢筋混凝土及表面装饰按现行国家标准《房屋建筑与装饰工程工程量计算规范》GB 50854—2013 相关项目编码列项，若表面"塑松皮"按国家标准《园林绿化工程工程量计算规范》附录 C 园林景观工程相关项目编码列项。

2.4.2 园林景观工程的相关规定

（1）堆塑假山工程中，如遇某些构配件使用钢筋混凝土或金属构件时，应按现行国家标准《房屋建筑与装饰工程工程量计算规范》GB 50854—2013 或《市政工程工程量计算规范》GB 50857—2013 相关项目编码列项。

（2）柱顶石（磉蹬石）、钢筋混凝土屋面板、钢筋混凝土亭屋面板、木柱、木屋架、钢柱、钢屋架、屋面木基层和防水层等，应按现行国家标准《房屋建筑与装饰工程工程量计算规范》GB 50854—2013 中相关项目编码列项。

（3）花架基础、玻璃顶棚、表面装饰及涂料项目应按现行国家标准《房屋建筑与装饰工程工程量计算规范》GB 50854—2013 中相关项目编码列项。

（4）喷泉水池应按现行国家标准《房屋建筑与装饰工程工程量计算规范》GB 50854—2013 中相关项目编码列项。

（5）管架项目按现行国家标准《房屋建筑与装饰工程工程量计算规范》GB 50854—2013 中钢支架项目单独编码列项。

2.5 《公路工程工程量清单计量规则》（2010 版）的相关规定

2.5.1 工程量清单计量说明

1. 重量

（1）凡以重量计量或以重量作为配合比设计的材料，都应在精确与批准的磅秤上，由称职合格的人员在监理人指定或批准的地点进行称重。

（2）称重计量时应满足以下条件：监理人在场；称重记录；载有包装材料、支撑装置、垫块、捆束物等重量的说明书在称重前提交给监理人作为依据。

（3）钢筋、钢板或型钢计量时，应按图纸或其他资料标示的尺寸和净长计算。搭接、接头套筒、焊接材料、下脚料和固定、定位架立钢筋等，则不予计量。钢筋、钢板或型钢应以千克计量，四舍五入，不计小数。钢筋、钢板或型钢由于理论单位重量与实际单位重量的差异而引起材料重量与数量不相匹配的情况，计量时不予考虑。

（4）金属材料的重量不得包括施工需要加放或使用的灰浆、楔块、填缝料、垫衬物、油料、接缝料、焊条、涂敷料等重量。

（5）承运按重量计量的材料的货车，应每天在监理人指定的时间和地点称出空车重量。每辆货车还应标示清晰易辨的标记。

（6）对有规定标准的项目，例如钢筋、金属线、钢板、型钢、管材等，均有规定的规格、重量、截面尺寸等指标，这类指标应视为通常的重量或尺寸；除非引用规范中的允许偏差值加以控制，否则可用制造商的允许偏差。

2. 面积

除非另有规定，计算面积时，其长、宽应按图纸所示尺寸线或按监理人指示计量。对于面积在 $1m^2$ 以下的固定物（如检查井等）不予扣除。

3. 结构物

（1）结构物应按图纸所示净尺寸线，或根据监理人指示修改的尺寸线计量。

（2）水泥混凝土的计量应按监理人认可的并已完工工程的净尺寸计算，钢筋的体积不扣除，倒角不超过 $0.15m \times 0.15m$ 时不扣除，体积不超过 $0.03m^3$ 的开孔及开口不扣除，面积不超过 $0.15m \times 0.15m$ 的填角部分也不增加。

（3）所有以延米计量的结构物（如管涵等），除非图纸另有表示，应按平行于该结构物位置的基面或基础的中心方向计量。

4. 重量与体积换算

（1）如承包人提出要求并得到监理人的书面批准，已规定要用立方米计量的材料可以称重，并将此重量换算为立方米计量。

（2）将重量计量换算为体积计量的换算系数应由监理人确定，并应在此种计量方法使用前征得承包人的同意。

5. 成套的结构单元

如规定的计量单位是一成套的结构物或结构单元（实际上就是按"总额"或称"一次支付"计的工程子目），该单元应包括了所有必需的设备、配件和附属物及相关作业。

6. 标准制品项目

（1）如规定采用标准制品（如护栏、钢丝、钢板、轧制型材、管子等），而这类项目又是以标准规格（单位重、截面尺寸等）标识的，则这种标识可以作为计量的标准。

（2）除非所采用标准制品的允许误差比规范的允许误差要求更严格；否则，生产厂确立的制造允许误差不予认可。

2.5.2 工程量清单计量规则说明

（1）《公路工程工程量清单计量规则》是《公路基本建设工程造价计价规范》的组成部分，是编制工程量清单的依据。《公路工程工程量清单计量规则》适用于新建、改（扩）建公路工程的工程量清单计价活动；也适用于公路工程管理部门、建设单位、设计单位、监理单位、施工单位和工程咨询单位对工程造价的管理、监控和确定。

（2）《公路工程工程量清单计量规则》主要依据交通运输部《公路工程标准施工招标文件》（2009 年版）中的技术规范，结合公路建设项目内容编制。《公路工程工程量清单计量规则》与技术规范的支付子目基本一致，其计量与计价，应与合同条款、技术规范以及图纸同时阅读理解。

（3）《公路工程工程量清单计量规则》主要规定了公路工程工程量清单的子目号、子目名称、特征、计量单位、工程量计算规则和计价工程内容。

（4）《公路工程工程量清单计量规则》共分九章，第一章总则，第二章路基工程，第三章路面工程，第四章桥梁、涵洞工程，第五章隧道工程，第六章安全设施及预埋管线工程，第七章绿化及环境保护工程，第八章房建工程，第九章机电工程。

（5）《公路工程工程量清单计量规则》各项需规范的要素，应按下列规定确定：

1）《公路工程工程量清单计量规则》子目号分别按子目所在章、节、目和子目四级编写，根据实际情况可按厚度、标号、规格等增列子目或细目，除第九章中节以三位数标识外，其余各章与工程量清单子目号对应方式示例如下：

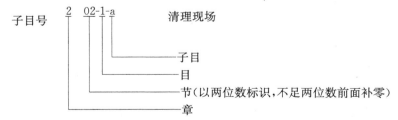

当目下不分子目时，子目编号仅由章、节和目三级组成。

2）子目名称以工程和费用名称命名，如有缺项，招标人可按《公路工程工程量清单计量规则》的原则进行补充，并报工程造价管理部门核备。

3）特征是按不同的工程部位、施工工艺或材料品种、规格等对项目作的描述，是设置清单项目的依据。

4）计量单位采用基本单位，除各章另有特殊规定外，均按以下单位计量：

以体积计算的项目——m^3；

以面积计算的项目——m^2；

以重量计算的项目——t、kg；

以长度计算的项目——m；

以自然体计算的项目——个、棵、根、台、套、块……；

没有具体数量的项目——总额。

5）工程量计算规则是对清单项目工程量的计算规定，除另有说明外，清单项目工程量均按设计图示，以经监理人验收合格的工程实体的净值计算。除监理人另有批准外，凡超过图纸所示的面积或体积都不予计量与支付。按合同提供的材料数量和完成的工程数量所采用的测量与计算方法，应符合技术规范的规定。

6）计价工程内容是为完成该项目的主要工作，凡工程内容中未列的其他工作为该项目的附属工作，应参照各项目对应的招标文件范本技术规范章节的规定或设计图纸综合考虑在报价中。

（6）材料及半成品采备和损耗，场内二次转运，常规的检测、试验等均包括在相应的工程项目中，不另行计量。

（7）全部必需的模板、脚手架、装备、机具、螺栓、垫圈和钢制件等其他材料应包括在所列的有关支付项目中，均不单独计量。

（8）施工现场交通组织、维护费，应综合考虑在各项目内，不另行计量。

（9）《公路工程工程量清单计量规则》在具体使用过程中，可根据实际情况，补充个别项目的技术规范内容与工程量清单配套使用。

3 基础构件钢筋计算与工程量清单实例

3.1 独立基础

3.1.1 独立基础平法施工图制图规则

1. 独立基础平法施工图的表示方法

（1）独立基础平法施工图，有平面注写与截面注写两种表达方式，设计者可根据具体工程情况选择一种，或两种方式相结合进行独立基础的施工图设计。

（2）当绘制独立基础平面布置图时，应将独立基础平面与基础所支承的柱一起绘制。当设置基础连系梁时，可根据图面的疏密情况，将基础连系梁与基础平面布置图一起绘制，或将基础连系梁布置图单独绘制。

（3）在独立基础平面布置图上应标注基础定位尺寸；当独立基础的柱中心线或杯口中心线与建筑轴线不重合时，应标注其定位尺寸。编号相同且定位尺寸相同的基础，可仅选择一个进行标注。

2. 独立基础编号

各种独立基础编号，见表 3-1。

独立基础编号   表 3-1

类型	基础底板截面形状	代号	序号
普通独立基础	阶形	DJ_J	××
	坡形	DJ_P	××
杯口独立基础	阶形	BJ_J	××
	坡形	BJ_P	××

3. 独立基础的平面注写方式

独立基础的平面注写方式，分为集中标注和原位标注两部分内容。

（1）集中标注。普通独立基础和杯口独立基础的集中标注，系在基础平面图上集中引注：基础编号、截面竖向尺寸、配筋三项必注内容，以及基础底面标高（与基础底面基准标高不同时）和必要的文字注解两项选注内容。素混凝土普通独立基础的集中标注，除无基础配筋内容外均与钢筋混凝土普通独立基础相同。

1）注写独立基础集中标注。注写独立基础编号（必注内容），见表 3-1。

独立基础底板的截面形状。通常有两种：

a. 阶形截面编号加下标"J",如 $DJ_J\times\times$、$BJ_J\times\times$;

b. 坡形截面编号加下标"P",如 $DJ_P\times\times$、$BJ_P\times\times$。

2)注写独立基础截面竖向尺寸(必注内容)

① 普通独立基础。注写方式为"$h_1/h_2/\cdots\cdots$"。当基础为阶形截面时,如图 3-1 所示。图 3-1 为三阶,当为更多阶时,各阶尺寸自下而上用"/"分隔顺写。当基础为单阶时,其竖向尺寸仅为一个且为基础总厚度,如图 3-2 所示。当基础为坡形截面时,注写方式为"h_1/h_2",如图 3-3 所示。

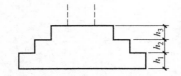

图 3-1 阶形截面普通独立基础竖向尺寸

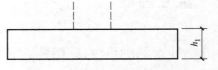

图 3-2 单阶普通独立基础竖向尺寸

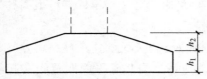

图 3-3 坡形截面普通独立基础竖向尺寸

② 杯口独立基础。当基础为阶形截面时,其竖向尺寸分两组,一组表达杯口内,另一组表达杯口外,两组尺寸以","分隔,注写方式为"a_0/a_1,$h_1/h_2/\cdots\cdots$",如图 3-4~图 3-7 所示。其中,杯口深度 a_0 为柱插入杯口的尺寸加 50mm。当基础为坡形截面时,注写方式为"a_0/a_1,$h_1/h_2/h_3/\cdots\cdots$",如图 3-8、图 3-9 所示。

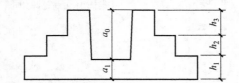

图 3-4 阶形截面杯口独立基础竖向尺寸(一)

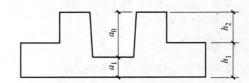

图 3-5 阶形截面杯口独立基础竖向尺寸(二)

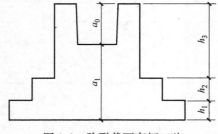

图 3-6 阶形截面高杯口独立基础竖向尺寸(一)

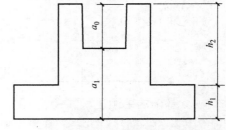

图 3-7 阶形截面高杯口独立基础竖向尺寸(二)

3)注写独立基础配筋

① 注写独立基础底板配筋。普通独立基础(单柱独基)和杯口独立基础的底部双向配筋注写方式如下:

a. 以 B 代表各种独立基础底板的底部配筋。

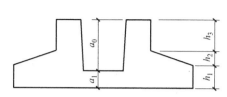

图 3-8　坡形截面杯口独立基础竖向尺寸

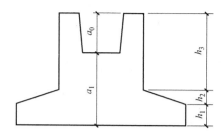

图 3-9　坡形截面高杯口独立基础竖向尺寸

b. X 向配筋以 X 打头、Y 向配筋以 Y 打头注写；当两向配筋相同时，则以 X&Y 打头注写。

如图 3-10 所示，表示基础底板底部配置 HRB400 级钢筋，X 向直径为$\Phi 16$，间距 150mm；Y 向直径为$\Phi 16$，间距 200mm。

② 注写杯口独立基础顶部焊接钢筋网。以 Sn 打头引注杯口顶部焊接钢筋网的各边钢筋。如图 3-11 所示，表示杯口顶部每边配置两根 HRB400 级直径为$\Phi 14$ 的焊接钢筋网。当双杯口独立基础中间杯壁厚度小于 400mm 时，在中间杯壁中配置构造钢筋见相应标准构造详图，设计不注。

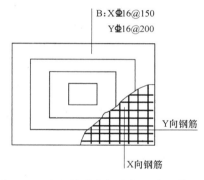

图 3-10　独立基础底板底部双向配筋示意

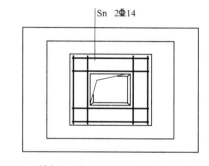

图 3-11　单杯口独立基础顶部焊接钢筋网示意

③ 注写高杯口独立基础的短柱配筋（也适用于杯口独立基础杯壁有配筋的情况）。具体注写方式为：

a. 以 O 代表短柱配筋。

b. 先注写短柱纵筋，再注写箍筋。注写方式为：角筋/长边中部筋/短边中部筋，箍筋（两种间距）；当短柱水平截面为正方形时，注写为：角筋/x 边中部筋/y 边中部筋，箍筋（两种间距，短柱杯口壁内箍筋间距/短柱其他部位箍筋间距）。如图 3-12 所示，表示高杯口独立基础的短柱配置 HRB400 级竖向钢筋和 HPB300 级箍筋，其竖向钢筋为：4$\Phi 20$ 角筋、$\Phi 16$@220 长边中部筋和$\Phi 16$@200 短边中部筋；其箍筋直径为 10mm，短柱杯口壁内间距 150mm，短柱其他部位间距 300mm。

c. 对于双高杯口独立基础的短柱配筋，注写方式与单高杯口相同，如图 3-13 所示。当双高杯口独立基础中间杯壁厚度小于 400mm 时，在中间杯壁中配置构造钢筋见相应标

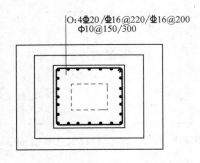

图 3-12 高杯口独立基础
短柱配筋示意

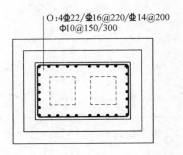

图 3-13 双高杯口独立基础短
柱配筋示意

准构造详图，设计不注。

④ 注写普通独立深基础短柱竖向尺寸及钢筋。当独立基础埋深较大，设置短柱时，短柱配筋应注写在独立基础中。具体注写方式如下：

a. 以 DZ 代表普通独立基础短柱。

b. 先注写短柱纵筋，再注写箍筋，最后注写短柱标高范围。注写为：角筋/长边中部筋/短边中部筋，箍筋，短柱标高范围；当短柱水平截面为正方形时，注写为：角筋/x 中部筋/y 中部筋，箍筋，短柱标高范围。如图 3-14 所示，表示独立基础的短柱设置在 $-2.500 \sim -0.050$m高度范围内，配置 HRB400 级竖向钢筋和 HPB300 级箍筋，其竖向钢筋为 4Φ20 角筋、5Φ18 的 x 边中部筋和 5Φ18 的 y 边中部筋，其箍筋直径为Φ10，间距 100mm。

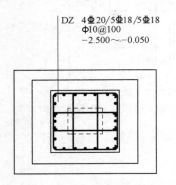

图 3-14 独立基础短柱配筋示意

4）注写基础底面标高（选注内容）。当独立基础的底面标高与基础底面基准标高不同时，应将独立基础底面标高直接注写在"（ ）"内。

5）必要的文字注解（选注内容）。当独立基础的设计有特殊要求时，宜增加必要的文字注解。例如，基础底板配筋长度是否采用减短方式等等，可在该项内注明。

（2）原位标注。钢筋混凝土和素混凝土独立基础的原位标注，是指在基础平面布置图上标注独立基础的平面尺寸。对相同编号的基础，可选择一个进行原位标注；当平面图形较小时，可将所选定进行原位标注的基础按比例适当放大；其他相同编号者仅注编号。

1）普通独立基础。原位标注 x、y，x_c、y_c（或圆柱直径 d_c），x_i、y_i，$i=1$，2，3……。其中，x、y 为普通独立基础两向边长，x_c、y_c 为柱截面尺寸，x_i、y_i 为阶宽或坡形平面尺寸（当设置短柱时，尚应标注短柱的截面尺寸）。

对称阶形截面普通独立基础原位标注，如图 3-15 所示。非对称阶形截面普通独立基础原位标注，如图 3-16 所示。设置短柱独立基础原位标注，如图 3-17 所示。

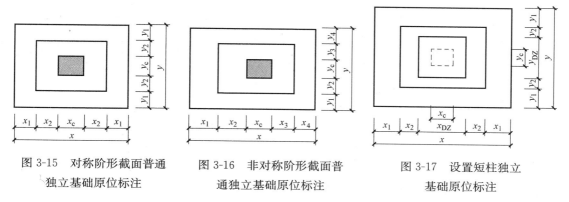

图 3-15　对称阶形截面普通　　图 3-16　非对称阶形截面普　　图 3-17　设置短柱独立
　　独立基础原位标注　　　　　　通独立基础原位标注　　　　　基础原位标注

对称坡形普通独立基础的原位标注，如图 3-18 所示。非对称坡形普通独立基础的原位标注，如图 3-19 所示。

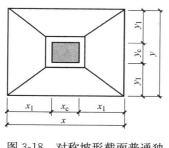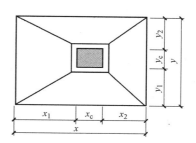

图 3-18　对称坡形截面普通独　　　　　图 3-19　非对称坡形截面普
　　立基础原位标注　　　　　　　　　　　通独立基础原位标注

2）杯口独立基础。原位标注 x、y，x_u、y_u，t_i，x_i、y_i，$i=1$，2，3……。其中，x、y 为杯口独立基础两向边长，x_u、y_u 为杯口上口尺寸，t_i 为杯壁上口厚度，下口厚度为 t_i+25，x_i、y_i 为阶宽或坡形截面尺寸。杯口上口尺寸 x_u、y_u，按柱截面边长两侧双向各加 75mm；杯口下口尺寸按标准构造详图（为插入杯口的相应柱截面边长尺寸，每边各加 50mm），设计不注。

阶形截面杯口独立基础原位标注，如图 3-20 所示。高杯口独立基础原位标注与杯口独立基础完全相同。

坡形截面杯口独立基础原位标注，如图 3-21 所示。高杯口独立基础原位标注与杯口独立基础完全相同。

（3）普通独立基础采用平面注写方式的集中标注和原位标注综合设计表达示意，如图 3-22 所示。

带短柱独立基础采用平面注写方式的集中标注和原位标注综合设计表达示意，如图 3-23 所示。

（4）杯口独立基础采用平面注写方式的集中标注和原位标注综合设计表达示意，见图 3-24。在图 3-24 中，集中标注的第三、四行内容，系表达高杯口独立基础短柱的竖向纵

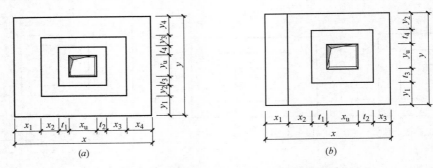

图 3-20 阶形截面杯口独立基础原位标注

(*a*) 阶形截面杯口独立基础原位标注（一）；(*b*) 阶形截面杯口独立基础原位标注（二）

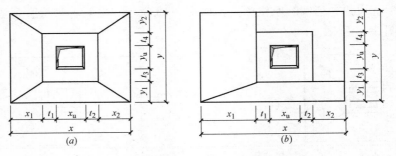

图 3-21 坡形截面杯口独立基础原位标注

(*a*) 坡形截面杯口独立基础原位标注（一）；(*b*) 坡形截面杯口独立基础原位标注（二）

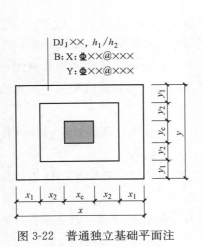

图 3-22 普通独立基础平面注
写方式设计表达示意

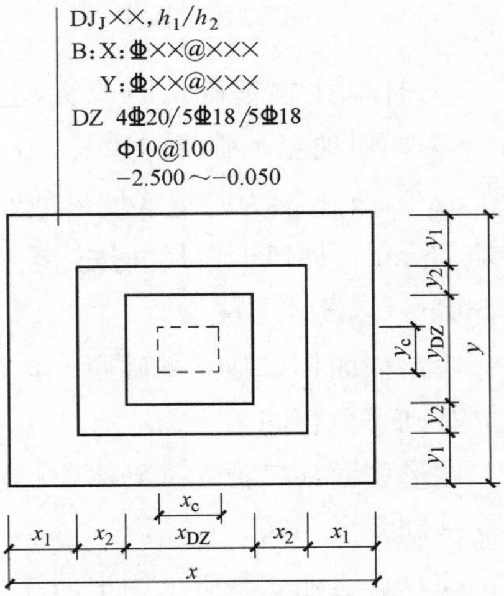

图 3-23 带短柱独立基础平面注
写方式设计表达示意

筋和横向箍筋；当为杯口独立基础时，集中标注通常为第一、二、五行的内容。

（5）独立基础通常为单柱独立基础，也可为多柱独立基础（双柱或四柱等）。多柱独立基础的编号、几何尺寸和配筋的标注方法，与单柱独立基础相同。

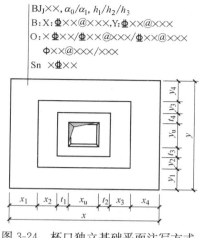

图 3-24 杯口独立基础平面注写方式
设计表达示意

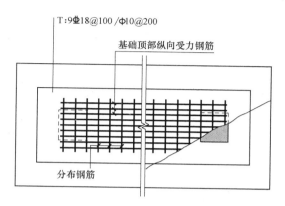

图 3-25 双柱独立基础顶部配筋示意

当为双柱独立基础且柱距较小时，通常仅配置基础底部钢筋；当柱距较大时，除基础底部配筋外，尚需在两柱间配置基础顶部钢筋或设置基础梁；当为四柱独立基础时，通常可设置两道平行的基础梁，需要时可在两道基础梁之间配置基础顶部钢筋。

多柱独立基础顶部配筋和基础梁的注写方法规定如下：

1）注写双柱独立基础底板顶部配筋。双柱独立基础的顶部配筋，通常对称分布在双柱中心线两侧。以大写字母"T"打头，注写为：双柱间纵向受力钢筋/分布钢筋。当纵向受力钢筋在基础底板顶面非满布时，应注明其总根数。如图 3-25 所示，表示独立基础顶部配置纵向受力钢筋 HRB400 级，直径为$\Phi18$，设置 9 根，间距 100mm；分布筋 HPB300 级，直径为$\phi10$，间距 200mm。

2）注写双柱独立基础的基础梁配筋。当双柱独立基础为基础底板与基础梁相结合时，注写基础梁的编号、几何尺寸和配筋。如 JL×× （1）表示该基础梁为 1 跨，两端无外伸；JL×× （1A）表示该基础梁为 1 跨，一端有外伸；JL×× （1B）表示该基础梁为 1 跨，两端均有外伸。

通常情况下，双柱独立基础宜采用端部有外伸的基础梁，基础底板则采用受力明确、构造简单的单向受力配筋与分布筋。基础梁宽度宜比柱截面宽出不小于 100mm（每边不小于 50mm）。

基础梁的注写规定与条形基础的基础梁注写规定相同，注写示意图见图 3-26。

3）注写双柱独立基础的底板配筋。双柱独立基础底板配筋的注写，可以按条形基础底板的注写规定，也可以按独立基础底板的注写规定。

4）注写配置两道基础梁的四柱独立基础底板顶部配筋。当四柱独立基础已设置两道平行的基础梁时，根据内力需要可在双梁之间及梁的长度范围内配置基础顶部钢筋，注写为：梁间受力钢筋/分布钢筋。如图 3-27 所示，表示在四柱独立基础顶部两道基础梁之间配置受力钢筋 HRB400 级，直径为$\Phi16$，间距 120mm；分布筋 HPB300 级，直径为$\phi10$，分布间距 200mm。

平行设置两道基础梁的四柱独立基础底板配筋，也可按双梁条形基础底板配筋的注写规定。

5）采用平面注写方式表达的独立基础设计施工图示意，如图 3-28 所示。

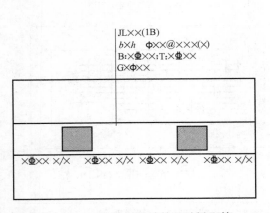

图 3-26　双柱独立基础的基础梁配筋
注写示意

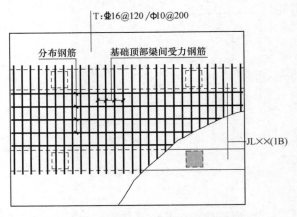

图 3-27　四柱独立基础底板顶部基础
梁间配筋注写示意

4. 独立基础的截面注写方式

独立基础的截面注写方式，可分为截面标注和列表注写（结合截面示意图）两种表达方式。

（1）截面标注。采用截面注写方式，应在基础平面布置图上对所有基础进行编号。对单个基础进行截面标注的内容和形式，与传统"单构件正投影表示方法"基本相同。对于已在基础平面布置图上原位标注清楚的该基础的平面几何尺寸，在截面图上可不再重复表达。

（2）列表注写。对多个同类基础，可采用列表注写（结合截面示意图）的方式进行集中表达。表中内容为基础截面的几何数据和配筋等，在截面示意图上应标注与表中栏目相对应的代号。列表的具体内容规定如下：

1）普通独立基础。普通独立基础列表集中注写栏目为：

① 编号：阶形截面编号为 $DJ_J \times \times$，坡形截面编号为 $DJ_P \times \times$。

② 几何尺寸：水平尺寸 x，y，x_c、y_c（或圆柱直径 d_c），x_i、y_i，$i=1$，2，3……；竖向尺寸 $h_1/h_2/$……。

③ 配筋：B：X：$\Phi \times \times @ \times \times \times$，Y：$\Phi \times \times @ \times \times \times$。

普通独立基础列表格式见表 3-2。

普通独立基础几何尺寸和配筋表 表 3-2

基础编号/截面号	截面几何尺寸				底部配筋（B）	
	x、y	x_c、y_c	x_i、y_i	$h_1/h_2/$……	X 向	Y 向

注：表中可根据实际情况增加栏目。例如：当基础底面标高与基础底面基准标高不同时，加注基础底面标高；当为双柱独立基础时，加注基础顶部配筋或基础梁几何尺寸和配筋；当设置短柱时，增加短柱尺寸及配筋等。

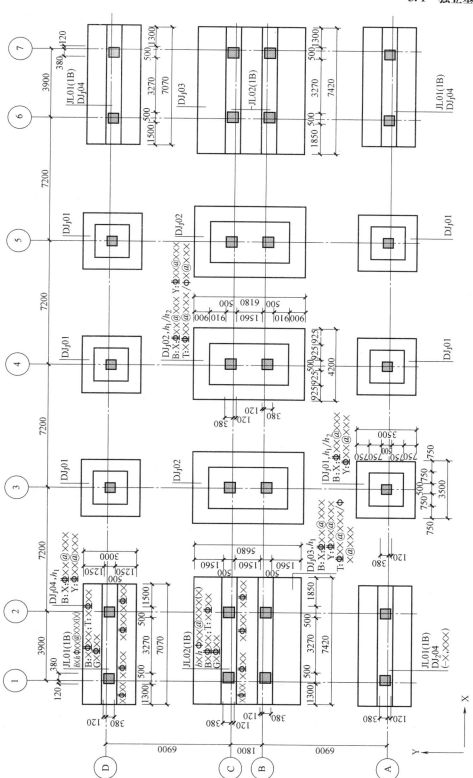

图 3-28 采用平面注写方式表达的独立基础设计施工图示意

2）杯口独立基础。杯口独立基础列表集中注写栏目为：

①编号：阶形截面编号为 $BJ_J\times\times$，坡形截面编号为 $BJ_P\times\times$。

②几何尺寸：水平尺寸 x、y，x_u、y_u，t_i、x_i、y_i，$i=1,2,3\cdots\cdots$；竖向尺寸 a_0、a_1，$h_1/h_2/h_3\cdots\cdots$。

③配筋：B：X：$\Phi\times\times@\times\times\times$，Y：$\Phi\times\times@\times\times\times$，$Sn\times\Phi\times\times$，

O：$x\Phi\times\times/\Phi\times\times@\times\times\times/\Phi\times\times@\times\times\times$，$\Phi\times\times@\times\times\times/\times\times\times$。

杯口独立基础列表格式见表3-3。

杯口独立基础几何尺寸和配筋表 表3-3

基础编号/截面号	截面几何尺寸				底部配筋（B）		杯口顶部钢筋网（Sn）	杯壁外侧配筋（O）	
	x、y	x_c、y_c	x_i、y_i	a_0、a_1,$h_1/h_2/h_3\cdots\cdots$	X向	Y向		角筋/长边中部筋/短边中部筋	杯口壁箍筋/其他部位箍筋

注：1. 表中可根据实际情况增加栏目。如当基础底面标高与基础底面基准标高不同时，加注基础底面标高或增加说明栏目等。

2. 短柱配筋适用于高杯口独立基础，并适用于杯口独立基础杯壁有配筋的情况。

3.1.2 独立基础构件钢筋计算

独立基础底板配筋构造，如图3-29所示。

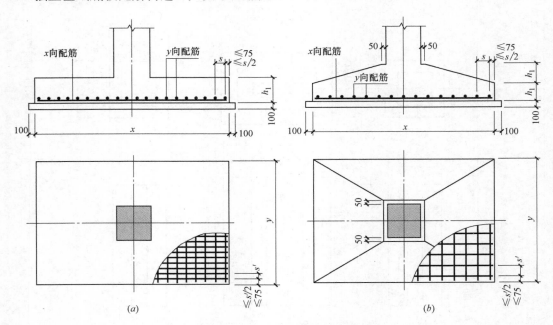

图3-29 独立基础底板配筋构造

（a）阶形；（b）坡形

s—y向配筋间距；s'—x向配筋间距；h_1—独立基础的竖向尺寸

独立基础底板配筋长度缩减 10％构造，如图 3-30 所示。

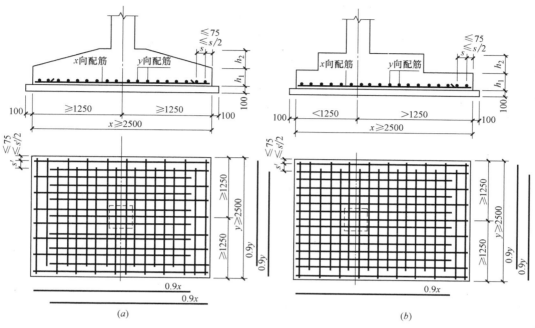

图 3-30　独立基础底板配筋长度缩减 10％构造

（a）对称独立基础；（b）非对称独立基础

双柱普通独立基础底部与顶部配筋构造，如图 3-31 所示。

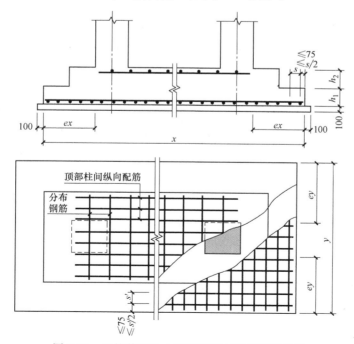

图 3-31　双柱普通独立基础底部与顶部配筋构造

基础底部受力钢筋工程量按下列公式计算：

$$钢筋长度＝[基础长度－2×保护层厚度＋6.25×2×钢筋直径]$$
$$钢筋根数＝[(基础宽度－2×保护层厚度)/钢筋间距](取整)＋1$$
$$钢筋工程量＝钢筋长度×钢筋根数×钢筋理论重量$$

3.2 条形基础

3.2.1 条形基础平法施工图制图规则

1. 条形基础平法施工图的表示方法

（1）条形基础平法施工图，有平面注写与截面注写两种表达方式，设计者可根据具体工程情况选择一种，或将两种方式相结合进行条形基础的施工图设计。

（2）当绘制条形基础平面布置图时，应将条形基础平面与基础所支承的上部结构的柱、墙一起绘制。当基础底面标高不同时，需注明与基础底面基准标高不同之处的范围和标高。

（3）当梁板式基础梁中心或板式条形基础板中心与建筑定位轴线不重合时，应标注其定位尺寸；对于编号相同的条形基础，可仅选择一个进行标注。

（4）条形基础整体上可分为两类：

1）梁板式条形基础。该类条形基础适用于钢筋混凝土框架结构、框架—剪力墙结构，部分框支剪力墙结构和钢结构。平法施工图将梁板式条形基础分解为基础梁和条形基础底板分别进行。

2）板式条形基础。适用于钢筋混凝土剪力墙结构和砌体结构。平法施工图仅表达条形基础底板。

2. 条形基础编号

条形基础编号分为基础梁和条形基础底板编号，按表 3-4 的规定。

条形基础梁及底板编号　　　　　　　　　　　　表 3-4

类型		代号	序号	跨数及有无外伸
基础梁		JL	××	（×××）端部无外伸
条形基础底板	阶形	TJB$_P$	××	（××A）一端有外伸
	坡形	TJB$_J$	××	（××B）两端有外伸

注：条形基础通常采用坡形截面或单阶形截面。

3. 基础梁的平面注写方式

基础梁 JL 的平面注写方式，分集中标注和原位标注两部分内容，当集中标注的某项数值不适用于基础梁的某部位时，则将该项数值采用原位标注，施工时，原位标注优先。

（1）集中标注。基础梁的集中标注内容为：基础梁编号、截面尺寸和配筋三项必注内容，以及基础梁底面标高（与基础底面基准标高不同时）和必要的文字注解两项选注内容。具体规定如下：

1) 注写基础梁编号（必注内容）。

2) 注写基础梁截面尺寸（必注内容）。注写 $b \times h$，表示梁截面宽度与高度。当为竖向加腋梁时，用 $b \times h Y c_1 \times c_2$ 表示，其中 c_1 为腋长，c_2 为腋高。

3) 注写基础梁配筋（必注内容）。

① 注写基础梁箍筋。当具体设计仅采用一种箍筋间距时，注写钢筋级别、直径、间距与肢数（箍筋肢数写在括号内，下同）。当具体设计采用两种箍筋时，用"/"分隔不同箍筋，按照从基础梁两端向跨中的顺序注写。先注写第 1 段箍筋（在前面加注箍筋道数），在斜线后再注写第 2 段箍筋（不再加注箍筋道数）。

② 注写基础梁底部、顶部及侧面纵向钢筋。

a. 以 B 打头，注写梁底部贯通纵筋（不应少于梁底部受力钢筋总裁面面积的 1/3）。当跨中所注根数少于箍筋肢数时，需要在跨中增设梁底部架立筋以固定箍筋，采用"+"将贯通纵筋与架立筋相连，架立筋注写在加号后面的括号内。

b. 以 T 打头，注写梁顶部贯通纵筋。注写时用分号";"将底部与顶部贯通纵筋分隔开，如有个别跨与其不同者，按原位注写的规定处理。

c. 当梁底部或顶部贯通纵筋多于一排时，用"/"将各排纵筋自上而下分开。

d. 以大写字母 G 打头注写梁两侧面对称设置的纵向构造钢筋的总配筋值（当梁腹板净高 h_w 不小于 450mm 时，根据需要配置）。当需要配置抗扭纵向钢筋时，梁两个侧面设置的抗扭纵向钢筋以 N 打头。

4) 注写基础梁底面标高（选注内容）。当条形基础的底面标高与基础底面基准标高不同时，将条形基础底面标高注写在"（ ）"内。

5) 必要的文字注解（选注内容）。当基础梁的设计有特殊要求时，宜增加必要的文字注解。

(2) 原位标注

1) 基础梁支座的底部纵筋，系指包含贯通纵筋与非贯通纵筋在内的所有纵筋：当梁端或梁在柱下区域的底部纵筋多于一排时，用"/"将各排纵筋自上而下分开。当同排纵筋有两种直径时，用"+"将两种直径的纵筋相连。当梁中间支座或梁在柱下区域两边的底部纵筋配置不同时，需在支座两边分别标注；当梁中间支座两边的底部纵筋相同时，可仅在支座的一边标注。当梁端（柱下）区域的底部全部纵筋与集中注写过的底部贯通纵筋相同时，可不再重复做原位标注。竖向加腋梁加腋部位钢筋，需在设置加腋的支座处以 Y 打头注写在括号内。

2) 原位注写基础梁的附加箍筋或（反扣）吊筋。当两向基础梁十字交叉，但交叉位置无柱时，应根据抗力需要设置附加箍筋或（反扣）吊筋。将附加箍筋或（反扣）吊筋直接画在平面图中条形基础主梁上，原位直接引注总配筋值（附加箍筋的肢数注在括号内）。当多数附加箍筋或（反扣）吊筋相同时，可在条形基础平法施工图上统一注明。少数与统一注明值不同时，再原位直接引注。

3）原位注写基础梁外伸部位的变截面高度尺寸。当基础梁外伸部位采用变截面高度时，在该部位原位注写 $b \times h_1/h_2$，h_1 为根部截面高度，h_2 为尽端截面高度。

4）原位注写修正内容。当在基础梁上集中标注的某项内容（如截面尺寸、箍筋、底部与顶部贯通纵筋或架立筋、梁侧面纵向构造钢筋、梁底面标高等）不适用于某跨或某外伸部位时，将其修正内容原位标注在该跨或该外伸部位，施工时原位标注取值优先。

当在多跨基础梁的集中标注中已注明竖向加腋，而该梁某跨根部不需要竖向加腋时，则应在该跨原位标注无 $Yc_1 \times c_2$ 的 $b \times h$，以修正集中标注中的竖向加腋要求。

4. 基础梁底部非贯通纵筋的长度规定

（1）为方便施工，对于基础梁柱下区域底部非贯通纵筋的伸出长度 a_0 值：当配置不多于两排时，在标准构造详图中统一取值为自柱边向跨内伸出至 $l_n/3$ 位置；当非贯通纵筋配置多于两排时，从第三排起向跨内的伸出长度值应由设计者注明。l_n 的取值规定为：边跨边支座的底部非贯通纵筋，l_n 取本边跨的净跨长度值；对于中间支座的底部非贯通纵筋，l_n 取支座两边较大一跨的净跨长度值。

（2）基础梁外伸部位底部纵筋的伸出长度 a_0 值，在标准构造详图中统一取值为：第一排伸出至梁端头后，全部上弯 $12d$ 或 $15d$；其他排钢筋伸至梁端头后截断。

（3）设计者在执行本条（1）、（2）条底部非贯通纵筋伸出长度的统一取值规定时，应注意按《混凝土结构设计规范》GB 50010—2010（2015 年版）、《建筑地基基础设计规范》GB 50007—2011 和《高层建筑混凝土结构技术规程》JGJ 3—2010 的相关规定进行校核，若不满足时应另行变更。

5. 条形基础底板的平面注写方式

条形基础底板 TJB_P、TJB_J 的平面注写方式，分为集中标注和原位标注两部分内容。

（1）集中标注

条形基础底板的集中标注内容为：条形基础底板编号、截面竖向尺寸、配筋三项必注内容，以及条形基础底板底面标高（与基础底面基准标高不同时）和必要的文字注解两项选注内容。素混凝土条形基础底板的集中标注，除无底板配筋内容外与钢筋混凝土条形基础底板相同，具体规定如下：

1）注写条形基础底板编号（必注内容）。条形基础底板向两侧的截面形状通常有两种：

①阶形截面，编号加下标"J"，如 $TJB_J \times \times$（$\times \times$）；

②坡形截面，编号加下标"P"，如 $TJB_P \times \times$（$\times \times$）。

2）注写条形基础底板截面竖向尺寸（必注内容）。注写为 $h_1/h_2/\cdots\cdots$，具体标注为：当条形基础底板为坡形截面时，注写为 h_1/h_2，如图 3-32 所示。当条形基础底板为阶形截面时，如图 3-33 所示。图 3-39 为单阶；当为多阶时各阶尺寸自下而上以"/"分隔顺写。

3）注写条形基础底板底部及顶部配筋（必注内容）。以 B 打头，注写条形基础底板底部的横向受力钢筋；以 T 打头，注写条形基础底板顶部的横向受力钢筋；在注写时，用"/"分隔条形基础底板的横向受力钢筋与纵向分布钢筋，如图 3-34、图 3-35 所示。

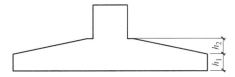

图 3-32　条形基础底板坡形截面竖向尺寸

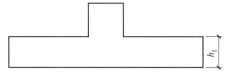

图 3-33　条形基础底板阶形截面竖向尺寸

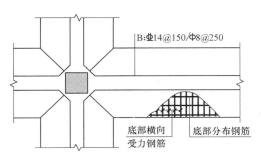

图 3-34　条形基础底板底部配筋示意

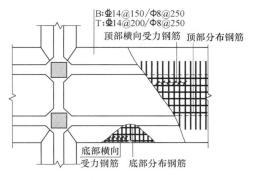

图 3-35　双梁条形基础底板顶部配筋示意

4）注写条形基础底板底面标高（选注内容）。当条形基础底板的底面标高与条形基础底面基准标高不同时，应将条形基础底板底面标高注写在"（　）"内。

5）必要的文字注解（选注内容）。当条形基础底板有特殊要求时，应增加必要的文字注解。

（2）原位标注

1）原位注写条形基础底板的平面尺寸。原位标注 b、b_i，$i=1, 2, \cdots\cdots$。其中，b 为基础底板总宽度，b_i 为基础底板台阶的宽度。当基础底板采用对称于基础梁的坡形截面或单阶形截面时，b_i 可不注，如图 3-36 所示。

素混凝土条形基础底板的原位标注与钢筋混凝土条形基础底板相同。对于相同编号的条形基础底板，可仅选择一个进行标注。

条形基础存在双梁或双墙共用同一基础底板的情况，当为双梁或为双墙且梁或墙荷载差别较大时，条形基础两侧可取不同的宽度，实际宽度以原位标注的基础底板两侧非对称的不同台阶宽度 b_i 进行表达。

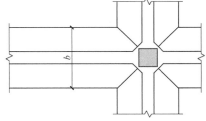

图 3-36　条形基础底板平面
尺寸原位标注

2）原位注写修正内容。当在条形基础底板上集中标注的某项内容，如底板截面竖向尺寸、底板配筋、底板底面标高等，不适用于条形基础底板的某跨或某外伸部分时，可将其修正内容原位标注在该跨或该外伸部位，施工时原位标注取值优先。

6. 条形基础的截面注写方式

条形基础的截面注写方式，又可分为截面标注和列表注写（结合截面示意图）两种表达方式。采用截面注写方式，应在基础平面布置图上对所有条形基础进行编号。

（1）截面标注。对条形基础进行截面标注的内容和形式，与传统"单构件正投影表示方法"基本相同。对于已在基础平面布置图上原位标注清楚的该条形基础梁和条形基础底板的水平尺寸，可不在截面图上重复表达。

（2）列表标注。对多个条形基础可采用列表注写（结合截面示意图）的方式进行集中表达。表中内容为条形基础截面的几何数据和配筋，截面示意图上应标注与表中栏目相对应的代号。列表的具体内容规定如下：

1）基础梁。基础梁列表集中注写栏目为：

① 编号：注写 JL×× （××）、JL×× （××A） 或 JL×× （××B）。

② 几何尺寸：梁截面宽度与高度 $b×h$。当为加腋梁时，注写 $b×h$ $Yc_1×c_2$。其中，c_1 为腋长，c_2 为腋高。

③ 配筋：注写基础梁底部贯通纵筋＋非贯通纵筋，顶部贯通纵筋，箍筋。当设计为两种箍筋时，箍筋注写为：第一种箍筋/第二种箍筋，第一种箍筋为梁端部箍筋，注写内容包括箍筋的箍数、钢筋级别、直径、间距与肢数。

基础梁列表格式见表 3-5。

基础梁几何尺寸和配筋表 表 3-5

基础梁编号/	截面几何尺寸		配筋	
截面号	$b×h$	加腋 $c_1×c_2$	底部贯通纵筋＋非贯通纵筋，顶部贯通纵筋	第一种箍筋/第二种箍筋

注：表中可根据实际情况增加栏目，如增加基础梁地面标高等。

2）条形基础底板。条形基础底板列表集中注写栏目为：

① 编号：坡形截面编号为 $TJB_P××$ （××）、$TJB_P××$ （××A） 或 $TJB_P××$ （××B），阶形截面编号为 $TJB_J××$ （××）、$TJB_J××$ （××A） 或 $TJB_J××$ （××B）。

② 几何尺寸：水平尺寸 b、b_i，$i=1，2，……$；竖向尺寸 h_1/h_2。

③ 配筋：B：$\Phi××@×××/\Phi××@×××$。

条形基础底板列表格式见表 3-6。

条形基础底板几何尺寸和配筋表 表 3-6

基础底板编号/截面号	截面几何尺寸			底部配筋(B)	
	b	b_i	h_1/h_2	横向受力钢筋	纵向构造钢筋

注：表中可根据实际情况增加栏目，如增加上部配筋、基础底板底面标高（与基础底板底面标高不一致时）等。

3.2.2　条形基础构件钢筋计算

条形基础底板配筋构造，如图 3-37、图 3-38 所示。

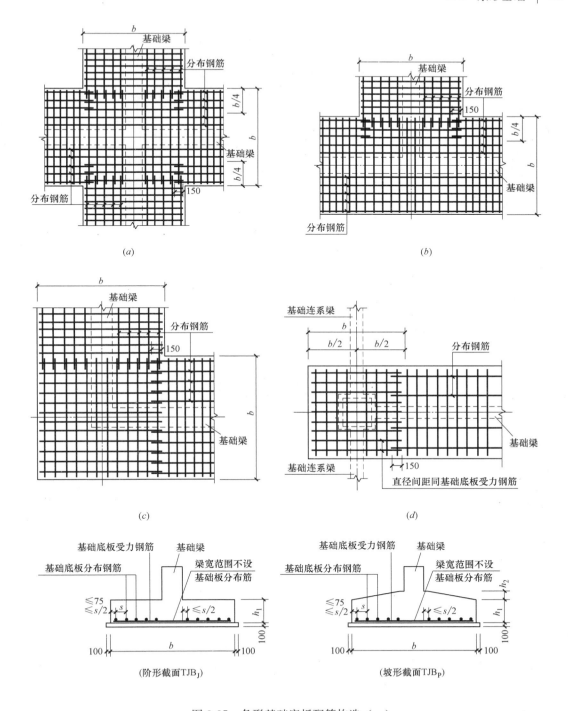

图 3-37　条形基础底板配筋构造（一）

（a）十字交接基础底板，也可用于转角梁板端部均有纵向延伸；（b）丁字交接基础底板；

（c）转角梁板端部无纵向延伸；（d）条形基础无交接底板端部构造

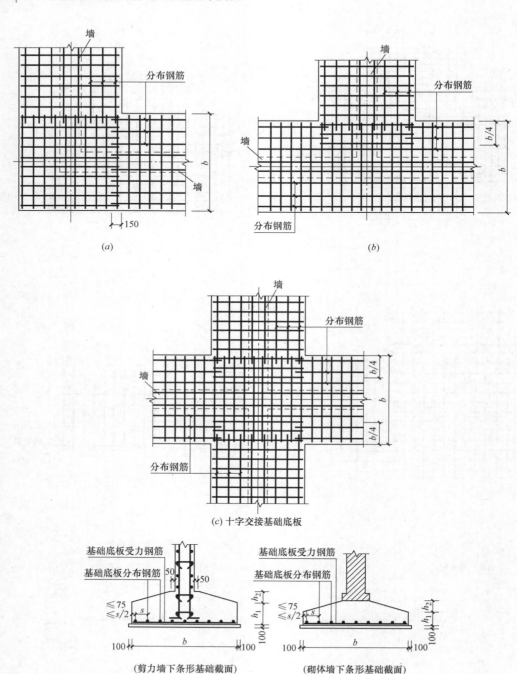

图 3-38 条形基础底板配筋构造 (二)

(*a*) 转角处墙基础底板；(*b*) 丁字交接基础底板；(*c*) 十字交接基础底板

基础梁 JL 纵向钢筋与箍筋构造，如图 3-39 所示。

顶部贯通纵筋在连接区内采用搭接,机械连接或焊接。同一连接区段内接头面积百分率不宜大于50%,当钢筋长度可穿过一连接区到下一连接区并满足连接要求时,宜穿越设置

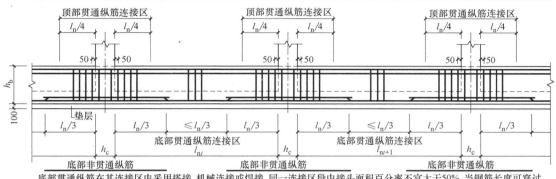

底部贯通纵筋在其连接区内采用搭接、机械连接或焊接。同一连接区段内接头面积百分率不宜大于50%,当钢筋长度可穿过一连接区到下一连接区并满足连接要求时,宜穿越设置

图 3-39　基础梁 JL 纵向钢筋与箍筋构造

基础梁配置两种箍筋构造,如图 3-40 所示。

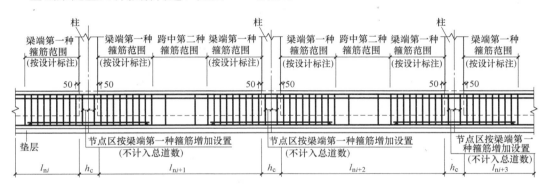

图 3-40　基础梁配置两种箍筋构造

基础梁竖向加腋钢筋构造,如图 3-41 所示。

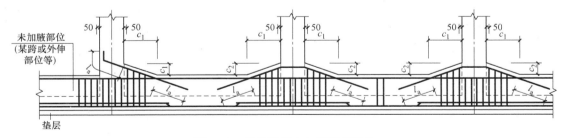

图 3-41　基础梁竖向加腋钢筋构造

1. 条形基础横向受力钢筋与纵向分布钢筋计算

条形基础钢筋包括横向受力钢筋、纵向分布钢筋等。横向受力钢筋直径一般为 6～16mm,间距为 100～250mm,分布钢筋直径在 5～8mm,间距为 200～300mm,分布钢筋按构造设置。条形基础交接处钢筋的布置以设计为准。如果设计未注明,按照下列方式进行处理,在 L 形交

接处、十字交接处，次要方向受力钢筋布置到另一方向底板宽度的 1/4 处。

（1）横向受力钢筋

$$钢筋长度＝基础宽度－2×保护层厚度$$

$$钢筋根数＝（基础总长度－2×保护层厚度）/受力钢筋间距（取整）＋1$$

$$钢筋质量＝钢筋长度×钢筋根数×钢筋理论重量$$

（2）纵向分布钢筋

$$钢筋长度＝基础长度－2×保护层厚度$$

$$钢筋根数＝（基础总长度－2×保护层厚度）/受力钢筋间距（取整）＋1$$

$$钢筋质量＝钢筋长度×钢筋根数×钢筋理论重量$$

2. 普通基础梁 JL 钢筋计算

基础梁梁底不平和变截面部位钢筋构造，如图 3-42 所示。

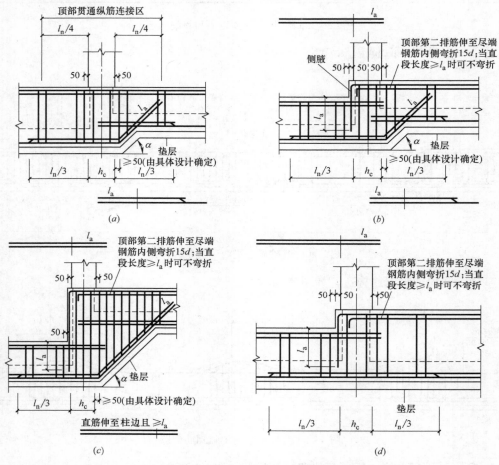

图 3-42　基础梁梁底不平和变截面部位钢筋构造（一）

（a）梁底有高差钢筋构造；（b）梁底、梁顶均有高差钢筋构造；

（c）梁底、梁顶均有高差钢筋构造（仅用于条形基础）；（d）梁顶有高差钢筋构造；

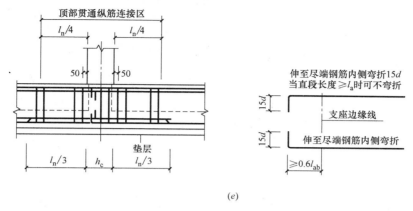

(e)

图 3-42 基础梁梁底不平和变截面部位钢筋构造（二）

(e) 柱两边梁宽不同钢筋构造

底部贯通纵筋长度＝梁长（含梁包柱侧腋）－c＋弯折$15d$

顶部贯通纵筋长度＝梁长（含梁包柱侧腋）－c＋弯折$15d$

双肢箍长度＝$(b-2c)\times2+(h-2c)\times2+(1.9d+10d)\times2$

3. 基础梁 JL 底部非贯通筋、架立筋计算

底部贯通纵筋长度＝梁长（含梁包柱侧腋）－c＋弯折$15d$

顶部贯通纵筋长度＝梁长（含梁包柱侧腋）－c＋弯折$15d$

双肢箍长度＝$(b-2c)\times2+(h-2c)\times2+(1.9d+10d)\times2$

3.3 筏形基础

3.3.1 梁板式筏形基础平法施工图制图规则

1. 梁板式筏形基础平法施工图的表示方法

1）梁板式筏形基础平法施工图，系在基础平面布置图上采用平面注写方式进行表达。

2）当绘制基础平面布置图时，应将梁板式筏形基础与其所支承的柱、墙一起绘制。梁板式筏形基础以多数相同的基础平板底面标高，作为基础底面基准标高。当基础底面标高不同时，需注明与基础底面基准标高不同之处的范围和标高。

3）通过选注基础梁底面与基础平板底面的标高高差来表达两者间的位置关系，可以明确其"高板位"（梁顶与板顶一平）、"低板位"（梁底与板底一平）以及"中板位"（板在梁的中部）三种不同位置组合的筏形基础，方便设计表达。

4）对于轴线未居中的基础梁，应标注其定位尺寸。

2. 梁板式筏形基础构件的类型与编号

梁板式筏形基础由基础主梁，基础次梁，基础平板等构成，编号按表 3-7 的规定。

梁板式筏形基础构件编号

表 3-7

构件类型	代号	序号	跨数及是否有外伸
基础主梁（柱下）	JL	××	(××)或(××A)或(××B)
基础次梁	JCL	××	(××)或(××A)或(××B)
梁板筏基础平板	LPB	××	

注：1. (××A) 为一端有外伸，(××B) 两端有外伸，外伸不计入跨数。

2. 梁板式筏形基础平板跨数及是否有外伸分别在 X、Y 两向的贯通纵筋之后表达。图面从左至右为 X 向，从下至上为 Y 向。

3. 梁板式筏形基础主梁与条形基础梁编号与钢筋构造一致。

3. 基础主梁与基础次梁的平面注写方式

基础主梁 JL 与基础次梁 JCL 的平面注写分集中标注和原位标注两部分内容。

（1）集中标注。基础主梁 JL 与基础次梁 JCL 的集中标注内容为：基础梁编号、截面尺寸、配筋三项必注内容，以及基础梁底面标高高差（相对于筏形基础平板底面标高）一项选注内容。

1）注写基础梁的编号。

2）注写基础梁的截面尺寸。以 $b×h$ 表示梁截面宽度和高度，当为加腋梁时，用 $b×h$ $Yc_1×c_2$ 表示。其中，c_1 为腋长，c_2 为腋高。

3）注写基础梁的配筋

① 注写基础梁箍筋。

a. 当采用一种箍筋间距时，注写钢筋级别、直径、间距与肢数（写在括号内）。

b. 当采用两种箍筋时，用"/"分隔不同箍筋，按照从基础梁两端向跨中的顺序注写。先注写第 1 段箍筋（在前面加注箍数），在斜线后再注写第 2 段箍筋（不再加注箍数）。

② 注写基础梁的底部、顶部及侧面纵向钢筋。

a. 以 B 打头，先注写梁底部贯通纵筋（不应少于底部受力钢筋总截面面积的 1/3）。当跨中所注根数少于箍筋肢数时，需要在跨中加设架立筋以固定箍筋。注写时，用加号"+"将贯通纵筋与架立筋相连，架立筋注写在加号后面的括号内。

b. 以 T 打头，注写梁顶部贯通纵筋值。注写时用分号";"将底部与顶部纵筋分隔开。

c. 当梁底部或顶部贯通纵筋多于一排时，用斜线"/"将各排纵筋自上而下分开。例如，梁底部贯通纵筋注写为 B8Φ28 3/5，则表示上一排纵筋为 3Φ28，下一排纵筋为 5Φ28。

d. 以大写字母 G 打头注写梁两侧面设置的纵向构造钢筋有总配筋值（当梁腹板高度 h_w 不小于 450mm 时，根据需要配置）。例如，G8Φ16，表示梁的两个侧面共配置 8Φ16 的纵向构造钢筋，每侧各配置 4Φ16。

当需要配置抗扭纵向钢筋时，梁两个侧面设置的抗扭纵向钢筋以 N 打头。例如，N8Φ16，表示梁的两个侧面共配置 8Φ16 的纵向抗扭钢筋，沿截面周边均匀对称设置。

注：（1）当为梁侧面构造钢筋时，其搭接与锚固长度可取为 $15d$。

（2）当为梁侧面受扭纵向钢筋时，其锚固长度为 l_a，搭接长度为 l_l；其锚固方式同基础梁上部纵筋。

4）注写基础梁底面标高高差（系指相对于筏形基础平板底面标高的高差值），该项为选注值。有高差时需将高差写入括号内（如"高板位"与"中板位"基础梁的底面与基础平板地面标高的高差值）。无高差时不注（如"低板位"筏形基础的基础梁）。

（2）原位标注

1）梁支座的底部纵筋，系指包含贯通纵筋与非贯通纵筋在内的所有纵筋。

① 当底部纵筋多余一排时，用斜线"/"将各排纵筋自上而下分开。

② 当同排纵筋有两种直径时，用加号"＋"将两种直径的纵筋相连。

③ 当梁中间支座两边的底部纵筋配置不同时，需在支座两边分别标注；当梁中间支座两边的底部纵筋相同时，可仅在支座的一边标注配筋值。

④ 当梁端（支座）区域的底部全部纵筋与集中注写过的贯通纵筋相同时，可不再重复做原位标注。

⑤竖向加腋梁加腋部位钢筋，需在设置加腋的支座处以 Y 打头注写在括号内。

2）注写基础梁的附加箍筋或（反扣）吊筋。将其直接画在平面图中的主梁上，用线引注总配筋值（附加箍筋的肢数注在括号内）。当多数附加箍筋或（反扣）吊筋相同时，可在基础梁平法施工图上统一注明；少数与统一注明值不同时，再原位引注。

3）当基础梁外伸部位截面高度时，在该部位原位注写 $b \times h_1/h_2$，h_1 为根部截面高度，h_2 为尽端截面高度。

4）注写修正内容。当在基础梁上集中标注的某项内容（如梁截面尺寸、箍筋、底部与顶部贯通纵筋或架立筋、梁侧面纵向构造钢筋、梁底面标高高差等）不适用于某跨或某外伸部分时，则将其修正内容原位标注在该跨或该外伸部位，施工时原位标注取值优先。

当在多跨基础梁的集中标注中已注明竖向加腋，而该梁某跨根部不需要竖向加腋时，则应在该跨原位标注等截面的 $b \times h$，以修正集中标注中的加腋信息。

4. 梁板式筏形基础平板的平面注写方式

梁板式筏形基础平板 LPB 的平面注写，分为集中标注与原位标注两部分内容。

（1）集中标注。梁板式筏形基础平板 LPB 的集中标注，应在所表达的板区双向均为第一跨（X 与 Y 双向首跨）的板上引出（图面从左至右为 X 向，从下至上为 Y 向）。

板区划分条件：板厚相同、基础平板底部与顶部贯通纵筋配置相同的区域为同一板区。

集中标注的内容规定如下：

1）注写基础平板的编号。

2）注写基础平板的截面尺寸：注写 $h=\times\times\times$ 表示板厚。

3）注写基础平板的底部与顶部贯通纵筋及其跨数及外伸情况。先注写 X 向底部（B 打头）贯通纵筋与顶部（T 打头）贯通纵筋及纵向长度范围；再注写 Y 向底部（B 打头）贯通纵筋与顶部（T 打头）贯通纵筋及纵向长度范围（图面从左至右为 X 向，从下至上为 Y 向）。

贯通纵筋的总长度注写在括号中，注写方式为"跨数及有无外伸"，其表达形式为：（××）（无外伸）、（××A）（一端有外伸）或（××B）（两端有外伸）。

当贯通筋采用两种规格钢筋"隔一布一"方式时，表示为Φxx/yy@×××，表示直径 xx 的钢筋和直径为 yy 的钢筋之间的间距为×××，直径为 xx 的钢筋、直径为 yy 的钢筋间距分别为×××的两倍。

（2）原位标注

1）原位注写位置及内容。板底部原位标注的附加非贯通纵筋，应在配置相同的第一跨表达（当在基础梁悬挑部位单独配置时则在原位表达）。在配置相同跨的第一跨（或基础梁外伸部位），垂直于基础梁绘制一段中粗虚线（当该筋通长设置在外伸部位或短跨板下部时，应画至对边或贯通短跨），在续线上注写编号（如①、②等）、配筋值、横向布置的跨数及是否布置到外伸部位。

板底部附加非贯通纵筋自支座中线向两边跨内的伸出长度值注写在线段的下方位置。当该筋向两侧对称伸出时，可仅在一侧标注，另一侧不注；当布置在边梁下时，向基础平板外伸部位一侧的伸出长度与方式按标准构造，设计不注。底部附加非贯通筋相同者，可仅注写一处，其他只注写编号。

横向连续布置的跨数及是否布置到外伸部位，不受集中标注贯通纵筋的板区限制。

原位注写的底部附加非贯通纵筋与集中标注的底部贯通钢筋，宜采用"隔一布一"的方式布置，即基础平板（X 向或 Y 向）底部附加非贯通纵筋与贯通纵筋间隔布置，其标注间距与底部贯通纵筋相同（两者实际组合后的间距为各自标注间距的 1/2）。

2）注写修正内容。当集中标注的某些内容不适用于梁板式筏形基础平板某板区的某一板跨时，应由设计者在该板跨内注明，施工时应按注明内容取用。

3）当若干基础梁下基础平板的底部附加非贯通纵筋配置相同时（其底部、顶部的贯通纵筋可以不同），可仅在一根基础梁下做原位注写，并在其他梁上注明"该梁下基础平板底部附加非贯通纵筋同××基础梁"。

4）梁板式筏形基础平板 LPB 的平面注写规定，同样适用于钢筋混凝土墙下的基础平板。

3.3.2 平板式筏形基础平法施工图制图规则

1. 平板式筏形基础平法施工图的表示方法

1）平板式筏形基础平法施工图，系在基础平面布置图上采用平面注写方式表达。

2）当绘制基础平面布置图时，应将平板式筏形基础与其所支承的柱、墙一起绘制。当基础底面标高不同时，需注明与基础底面基准标高不同之处的范围和标高。

2. 平板式筏形基础构件的类型与编号

平板式筏形基础平面注写表达方式有两种：一是划分为柱下板带和跨中板带进行表达；二是按基础平板进行表达。平板式筏形基础构件编号按表 3-8 的规定。

平板式筏形基础构件编号

表 3-8

构件类型	代号	序号	跨数及有无外伸
柱下板带	ZXB	××	(××)或(××A)或(××B)
跨中板带	KZB	××	(××)或(××A)或(××B)
平板式筏形基础平板	BPB	××	

注：1. (××A) 为一端有外伸，(××B) 为两端有外伸，外伸不计入跨数。

2. 平板式筏形基础平板，其跨数及是否有外伸分别在 X、Y 两向的贯通纵筋之后表达。图面从左至右为 X 向，从下至上为 Y 向。

3. 柱下板带、跨中板带的平面注写方式

柱下板带 ZXB（视其为无箍筋的宽扁梁）与跨中板带的平面注写，分为集中标注与原位标注两部分内容。

（1）集中标注。柱下板带、跨中板带的集中标注应在第一跨（X 向为左端跨，Y 向为下端跨）引出。具体规定如下：

1）注写编号。

2）注写截面尺寸。注写 $b=××××$ 表示板带宽度（在图注中注明基础平板厚度）。确定柱下板带宽度应根据规范要求与结构实际受力需要。当柱下板带宽度确定后，跨中板带宽度也随之确定（即相邻两平行柱下板带之间的距离）。当柱下板带中心线偏离柱中心线时，应在平面图上标注其定位尺寸。

3）注写底部与顶部贯通纵筋。注写底部贯通纵筋（B 打头）与顶部贯通纵筋（T 打头）的规格与间距，用分号";"将其分隔开。柱下板带的柱下区域，通常在其底部贯通纵筋的间隔内插空设有（原位注写的）底部附加非贯通纵筋。例如，B⚎22@300，T⚎25@150，表示板带底部配置⚎22 间距 300mm 的贯通纵筋，板带顶部配置⚎25 间距 150mm 的贯通纵筋。

（2）原位标注。柱下板带与跨中板带的原位标注的内容，主要为底部附加非贯通纵筋。具体规定如下：

1）注写内容：以一段与板带同向的中粗虚线代表附加非贯通纵筋；柱下板带：贯穿其柱下区域绘制；跨中板带：横贯柱中线绘制。在虚线上注写底部附加非贯通纵筋的编号（如①、②等）、钢筋级别、直径、间距，以及自柱中线分别向两侧跨内的伸出长度值。当向两侧对称伸出时，长度值可仅在一侧标注，另一侧不注。外伸部位的伸出长度与方式按标准构造，设计不注。对同一板带中底部附加非贯通筋相同者，可仅在一根钢筋上注写，其他可仅在中粗虚线上注写编号。

原位注写的底部附加非贯通纵筋与集中标注的底部贯通纵筋，宜采用"隔一布一"的方式布置，即柱下板带或跨中板带底部附加非贯通纵筋与贯通纵筋交错插空布置，其标注间距与底部贯通纵筋相同（两者实际组合后的间距为各自标注间距的 1/2）。

当跨中板带在轴线区域不设置底部附加非贯通纵筋时，则不做原位注写。

2）注写修正内容。当在柱下板带、跨中板带上集中标注的某些内容（如截面尺寸、底部与顶部贯通纵筋等）不适用于某跨或某外伸部分时，则将修正的数值原位标注在该跨或该外伸部位，施工时原位标注取值优先。

设计时应注意：对于支座两边不同配筋值的（经注写修正的）底部贯通纵筋，应按较小一边的配筋值选配相同直径的纵筋贯穿支座，较大一边的配筋差值选配适当直径的钢筋锚入支座，避免造成两边大部分钢筋直径不相同的不合理配置结果。

（3）柱下板带 ZXB 与跨中板带 KZB 的注写规定，同样适用于平板式筏形基础上局部有剪力墙的情况。

（4）按以上各项规定的组合表达方式，详见图 3-43。

4. 平板式筏形基础平板 BPB 的平面注写方式

（1）平板式筏形基础平板 BPB 的平面注写，分为集中标注与原位标注两部分内容。

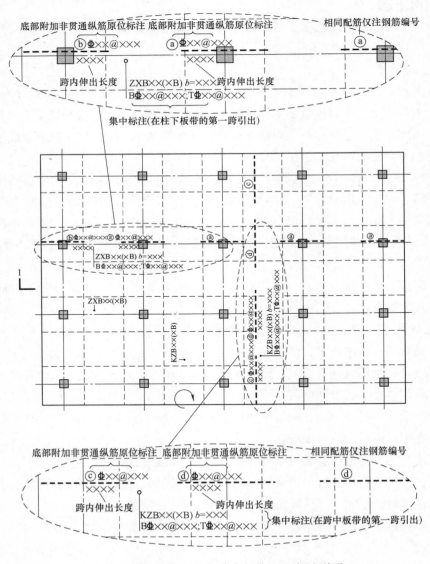

图 3-43 柱下板带 ZXB 与跨中板带 KZB 标注说明

集中标注说明：集中标注应在第一跨引出		
注写形式	表达内容	附加说明
ZXB××(×B) 或 KZB××(×B)	柱下板带或跨中板带编号，具体包括：代号、序号(跨数及外伸状况)	(×A)：一端有外伸；(×B)：两端均有外伸；无外伸则仅注跨数(×)
b=××××	板带宽度(在图注中应注明板厚)	板带宽度取值与设置部位应符合规范要求
B Φ××@×××； T Φ××@×××	底部贯通纵筋强度等级、直径、间距；顶部贯通纵筋强度等级、直径、间距	底部纵筋应有不少于1/3贯通全跨，注意与非贯通纵筋组合设置的具体要求，详见制图规则
板底部附加非贯通纵筋原位标注说明：		
注写形式	表达内容	附加说明
柱下板带： 跨下板带： ⓐ Φ××@××× ×××× ⓑ Φ××@××× ×××× ⓒ Φ××@××× ××××	底部非贯通纵筋编号、强度等级、直径、间距；自柱中线分别向两边跨内的伸出长度值	同一板带中其他相同非贯通纵筋可仅在中粗虚线上注写编号。向两侧对称伸出时，可只在一侧注伸出长度值。向外伸部位的伸出长度与方式按标准构造，不注。与贯通纵筋组合设置时的具体要求详见相应制图规则
修正内容原位注写	某部位与集中标注不同的内容	原位标注的修正内容取值优先
注：1.相同的柱下或跨中板带只标注一处，其他仅注编号。 2.图注中注明的其他内容见制图规则第5.5.2条；有关标注的其他规定详见制图规则。		

图 3-43 柱下板带 ZXB 与跨中板带 KZB 标注说明（续）

基础平板 BPB 的平面注写与柱下板带 ZXB、跨中板带 KZB 的平面注写虽是不同的表达方式，但可以表达同样的内容。

当整片板式筏形基础配筋比较规律时，宜采用 BPB 表达方式。

（2）平板式筏形基础平板 BPB 的集中标注，除按表 3-8 注写编号外，所有规定均与 16G101－3 第 4.5.2 条相同。

当某向底部贯通纵筋或顶部贯通纵筋的配置，在跨内有两种不同间距时，先注写跨内两端的第一种间距，并在前面加注纵筋根数（以表示其分布的范围）；再注写跨中部的第二种间距（不需加注根数）；两者用"/"分隔。

（3）平板式筏形基础平板 BPB 的原位标注，主要表达横跨柱中心线下的底部附加非贯通纵筋。注写规定如下：

1）原位注写位置及内容。在配置相同的若干跨的第一跨，垂直于柱中线绘制一段中粗虚线代表底部附加非贯通纵筋。

当柱中心线下的底部附加非贯通纵筋（与柱中心线正交）沿柱中心线连续若干跨配置相同时，则在该连续跨的第一跨下原位注写，且将同规格配筋连续布置的跨数注在括号内；当有些跨配置不同时，则应分别原位注写。外伸部位的底部附加非贯通纵筋应单独注写（当与跨内某筋相同时仅注写钢筋编号）。

当底部附加非贯通纵筋横向布置在跨内有两种不同间距的底部贯通纵筋区域时，其间距应分别对应为两种，其注写形式应与贯通纵筋保持一致，即先注写跨内两端的第一种间距，并在前面加注纵筋根数；再注写跨中部的第二种间距（不需加注根数）；两者用"/"分隔。

2）当某些柱中心线下的基础平板底部附加非贯通纵筋横向配置相同时（其底部、顶部的贯通纵筋可以不同），可仅在一条中心线下做原位注写，并在其他柱中心线上注明

"该柱中心线下基础平板底部附加非贯通纵筋同××柱中心线"。

（4）平板式筏形基础平板 BPB 的平面注写规定，同样适用于平板式筏形基础上局部有剪力墙的情况。

5. 其他

（1）与平板式筏形基础相关的后浇带、上柱墩、下柱墩、基坑（沟）等构造的平法施工图设计。

（2）平板式筏形基础应在图中注明的其他内容为：

1）注明板厚。当整片平板式筏形基础有不同板厚时，应分别注明各板厚值及其各自的分布范围。

2）当在基础平板周边沿侧面设置纵向构造钢筋时，应在图注中注明。

3）应注明基础平板外伸部位的封边方式；当采用 U 形钢筋封边时，应注明其规格、直径及间距。

4）当基础平板厚度大于 2m 时，应注明设置在基础平板中部的水平构造钢筋网。

5）当在基础平板外伸阳角部位设置放射筋时，应注明放射筋的强度等级、直径、根数以及设置方式等。

6）板的上、下部纵筋之间设置拉筋时，应注明拉筋的强度等级、直径、双向间距等。

7）应注明混凝土垫层厚度与强度等级。

8）当基础平板同一层面的纵筋相交叉时，应注明何向纵筋在下、何向纵筋在上。

9）设计需注明的其他内容。

3.3.3 筏形基础构件钢筋计算

1. 基础次梁配筋构造

基础次梁纵向钢筋与箍筋构造，如图 3-44 所示。

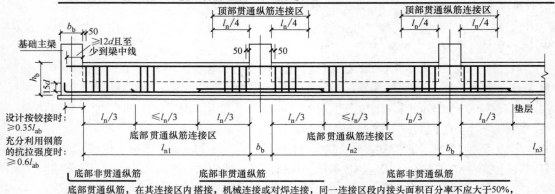

图 3-44　基础次梁纵向钢筋与箍筋构造

基础次梁竖向加腋钢筋构造，如图 3-45 所示。

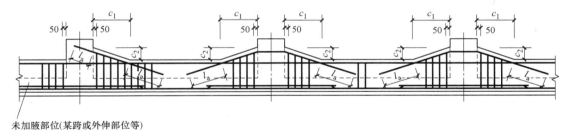

未加腋部位(某跨或外伸部位等)

图 3-45　基础次梁竖向加腋钢筋构造

基础次梁配置两种箍筋构造，如图 3-46 所示。

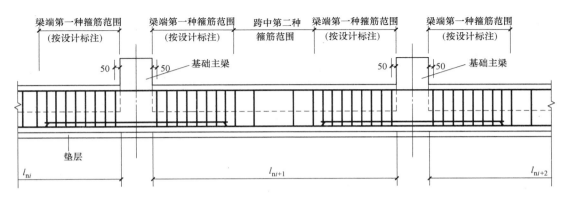

图 3-46　基础次梁配置两种箍筋构造

基础次梁梁底不平和变截面部位钢筋构造，如图 3-47 所示。

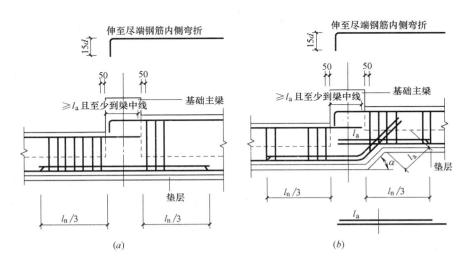

图 3-47　基础次梁梁底不平和变截面部位钢筋构造（一）

（a）梁顶有高差钢筋构造；（b）梁底、梁顶均有高差钢筋构造；

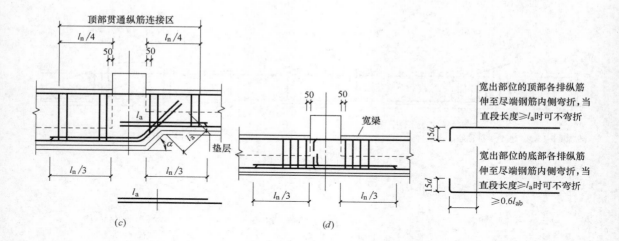

图 3-47 基础次梁梁底不平和变截面部位钢筋构造（二）

（c）梁底有高差钢筋构造；（d）支座两边梁宽不同钢筋构造

2. 梁板式筏形基础配筋构造

梁板式筏形基础平板 LPB 端部与外伸部位钢筋构造，如图 3-48 所示。

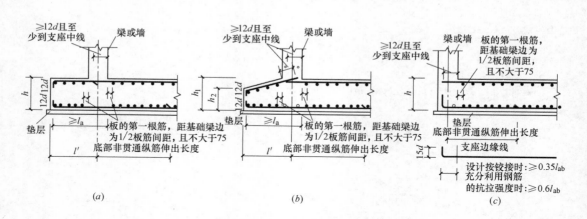

图 3-48 梁板式筏形基础平板 LPB 端部与外伸部位钢筋构造

（a）端部等截面外伸构造；（b）端部变截面外伸构造；（c）端部无外伸构造

3. 平板式筏形基础配筋构造

平板式筏形基础柱下板带 ZXB 与平板式筏形基础跨中板带 KZB 纵向钢筋构造，如图 3-49 所示。

平板式筏形基础平板 BPB 钢筋构造，如图 3-50 所示。

平板式筏形基础平板（ZXB、KZB、BPB）端部与外伸部位钢筋构造，如图 3-51 所示。

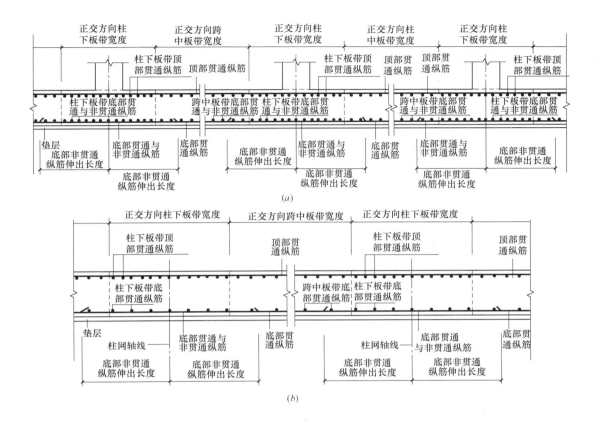

图 3-49 平板式筏形基础柱下板带 ZXB 与平板式筏形基础跨中板带 KZB 纵向钢筋构造

（a）平板式筏形基础柱下板带 ZXB 纵向钢筋构造；（b）平板式筏形基础跨中板带 KZB 纵向钢筋构造

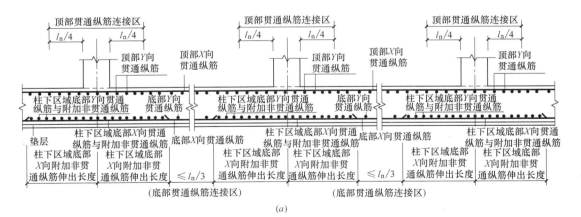

图 3-50 平板式筏形基础平板 BPB 钢筋构造（一）

（a）平板式筏形基础平板 BPB 钢筋构造（柱下区域）

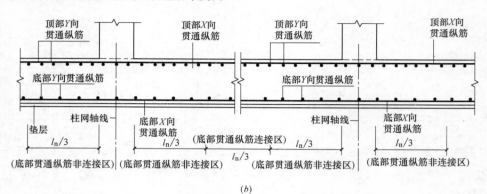

(b)

图 3-50 平板式筏形基础平板 BPB 钢筋构造（二）

（b）平板式筏形基础平板 BPB 钢筋构造（跨中区域）

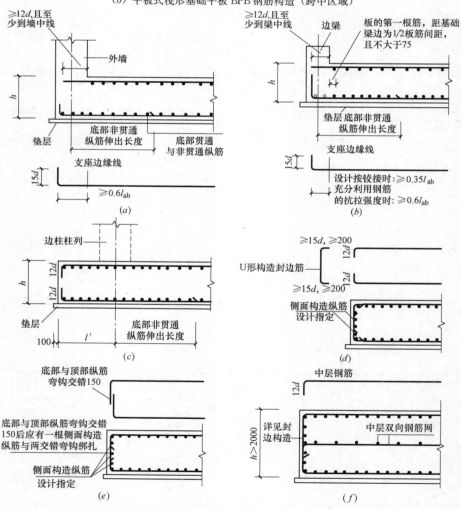

图 3-51 平板式筏形基础平板（ZXB、KZB、BPB）端部与外伸部位钢筋构造

（a）端部无外伸构造（一）；（b）端部无外伸构造（二）；（c）端部等截面外伸构造；
（d）板边缘侧面 U 形筋构造封边方式；（e）板边缘侧面纵筋弯钩交错封边方式；（f）中层筋端头构造

4. 筏形基础钢筋计算公式

$$顶部贯通纵筋长度＝梁长－保护层厚度×2$$
$$底部贯通纵筋长度＝梁长－保护层厚度×2$$
$$双肢箍筋长度＝(b-2c)×2+(h-2c)×2+(1.9d+10d)×2$$

式中 b——柱宽度（mm）；

  h——柱高度（mm）；

  c——保护层厚度（mm）。

3.4 桩基础

3.4.1 桩基础平法施工图制图规则

1. 灌注桩平法施工图的表示方法

1）灌注桩平法施工图系在灌注桩平面布置图上采用列表注写方式或平面注写方式进行表达。

2）灌注桩平面布置图可采用适当比例单独绘制，并标注其定位尺寸。

2. 列表注写方式

（1）列表注写方式，系在灌注桩平面布置图上，分别标注定位尺寸；在桩表中注写桩编号、桩尺寸、纵筋、螺旋箍筋、桩顶标高、单桩竖向承载力特征值。

（2）桩表注写内容规定如下：

1）注写桩编号，桩编号由类型和序号组成，应符合表3-9的规定。

桩编号   表 3-9

类型	代号	序号
灌注桩	GZH	××
扩底灌注桩	GZHK	××

2）注写桩尺寸，包括桩径 $D×$桩长 L，当为扩底灌注桩时，还应在括号内注写扩底端尺寸 $D_0/h_b/h_c$ 或 $D_0/h_b/h_{c1}/h_{c2}$。其中，D_0 表示扩底端直径，h_b 表示扩底端锅底形矢高，h_c 表示扩底端高度，见图3-52。

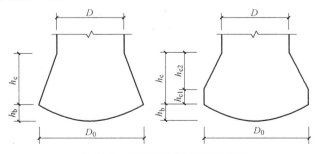

图 3-52 扩底灌注桩扩底端示意

3）注写桩纵筋，包括桩周均布的纵筋根数、钢筋强度级别、从桩顶起算的纵筋配置长度。

① 通长等截面配筋：注写全部纵筋如××Φ××。

② 部分长度配筋：注写桩纵筋如××Φ××/L_1，其中 L_1 表示从桩顶起算的入桩长度。

③ 通长变截面配筋：注写桩纵筋包括通长纵筋××Φ××；非通长纵筋××Φ××/L_1，其中 L_1 表示从桩顶起算的入桩长度。通长纵筋与非通长纵筋沿桩周间隔均匀布置。

4）以大写字母 L 打头，注写桩螺旋箍筋，包括钢筋强度级别、直径与间距。

① 用斜线"/"区分桩顶箍筋加密区与桩身箍筋非加密区长度范围内箍筋的间距。16G101－3 中箍筋加密区为桩顶以下 5D（D 为桩身直径）。若与实际工程情况不同，需设计者在图中注明。

② 当桩身位于液化土层范围内时，箍筋加密区长度应由设计者根据具体工程情况注明，或者箍筋全长加密。

设计时应注意：当考虑箍筋受力作用时，箍筋配置应符合《混凝土结构设计规范》GB 50010—2010（2015 年版）的有关规定，并另行注明。

设计未注明时，16G101－3 规定：当钢筋笼长度超过 4m 时，应每隔 2m 设一道直径 12mm 的焊接加劲箍；焊接加劲箍亦可由设计另行注明。桩顶进入承台高度 h，桩径＜800mm 时取 50mm，桩径≥800mm 时取 100mm。

（3）灌注桩列表注写的格式见表 3-10。

灌注桩表 表3-10

桩号	桩径 D×桩长 （mm×m）	通长等截面配筋 全部纵筋	箍筋	桩顶标高（m）	单桩竖向承载 力特征值（kN）
GZH1	800×16.700	10Φ18	LΦ8@100/200	−3.400	2400

注：表中可根据实际情况增加栏目。例如：当采用扩底灌注桩时，增加扩底端尺寸。

3. 平面注写方式

（1）平面注写方式的规则同列表注写方式，将表格中内容除单桩竖向承载力特征值以外集中标注在灌注桩上，见图 3-53。

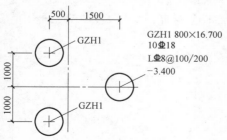

GZH1 800×16.700
10Φ18
LΦ8@100/200
−3.400

图 3-53　灌注桩平面注写

4. 桩基承台平法施工图的表示方法

（1）桩基承台平法施工图，有平面注写与截面注写两种表达方式，设计者可根据具体工程情况选择一种，或将两种方式相结合进行桩基承台施工图设计。

（2）当绘制桩基承台平面布置图时，应将承台下的桩位和承台所支承的柱、墙一起绘制。当设置基础连系梁时，可根据图面的疏密情况，将基础连系梁与基础平面布置图一起绘制，或将基础连系梁布置图单独绘制。

（3）当桩基承台的柱中心线或墙中心线与建筑定位轴线不重合时，应标注其定位尺寸；编号相同的桩基承台，可仅选择一个标注。

5. 桩基承台编号

桩基承台分为独立承台和承台梁，分别按表 3-11 和表 3-12 的规定编号。

独立承台编号表 表 3-11

类型	独立承台截面形状	代号	序号	说明
独立承台	阶形	CT_J	××	单阶截面即为平板式独立承台
	坡形	CT_P	××	

注：杯口独立承台代号可为 BCT_J 和 BCT_P，设计注写方式可参照杯口独立基础，施工详图应由设计者提供。

承台梁编号 表 3-12

类型	代号	序号	跨数及有无外伸
承台梁	CTL	××	（××）端部无外伸 （××A）一端有外伸 （××B）两端有外伸

6. 独立承台的平面注写方式

（1）独立承台的平面注写方式，分为集中标注和原位标注两部分内容。

（2）独立承台的集中标注，系在承台平面上集中引注：独立承台编号、截面竖向尺寸、配筋三项必注内容，以及承台板底面标高（与承台底面基准标高不同时）和必要的文字注解两项选注内容。具体规定如下：

1）注写独立承台编号（必注内容），见表 3—11。

独立承台的截面形式通常有两种：

① 阶形截面，编号加下标"J"，如 CT_J××；

② 坡形截面，编号加下标"P"，如 CT_P××。

2）注写独立承台截面竖向尺寸（必注内容）。即注写 $h_1/h_2/\cdots\cdots$，具体标注为：

① 当独立承台为阶形截面时，见图 3-54 和图 3-55。图 3-54 为两阶，当为多阶时各阶尺寸自下而上用"/"分隔顺写。当阶形截面独立承台为单阶时，截面竖向尺寸仅为一个，而且为独立承台总高度，示意图见图 3-55。

② 当独立承台为坡形截面时，截面竖向尺寸注写为 h_1/h_2，见图 3-56。

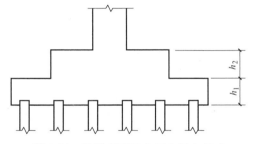

图 3-54 阶形截面独立承台竖向尺寸

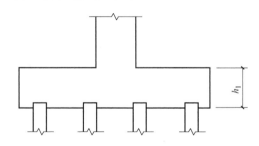

图 3-55 单阶截面独立承台竖向尺寸

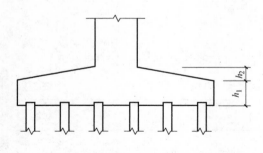

图 3-56 坡形截面独立承台竖向尺寸

3）注写独立承台配筋（必注内容）。底部与顶部双向配筋应分别注写，顶部配筋仅用于双柱或四柱等独立承台。当独立承台顶部无配筋时，则不注顶部。注写规定如下：

① 以 B 打头注写底部配筋，以 T 打头注写顶部配筋。

② 矩形承台 X 向配筋以 X 打头，Y 向配筋以 Y 打头；当两向配筋相同时，则以 X&Y 打头。

③ 当为等边三桩承台时，以"△"打头注写三角布置的各边受力钢筋（注明根数并在配筋值后注写"×3"），在"/"后注写分布钢筋，不设分布钢筋时可不注写。

④ 当为等腰三桩承台时，以"△"打头注写等腰三角形底边的受力钢筋＋两对称斜边的受力钢筋（注明根数并在两对称配筋值后注写"×2"），在"/"后注写分布钢筋，不设分布钢筋时可不注写。

⑤ 当为多边形（五边形或六边形）承台或异形独立承台，且采用 X 向和 Y 向正交配筋时，注写方式与矩形独立承台相同。

⑥ 两桩承台可按承台梁进行标注。

设计和施工时应注意：三桩承台的底部受力钢筋应按三向板带均匀布置，而且最里面的三根钢筋围成的三角形应在柱截面范围内。

4）注写基础底面标高（选注内容）。当独立承台的底面标高与桩基承台底面基准标高不同时，应将独立承台底面标高注写在括号内。

5）必要的文字注解（选注内容）。当独立承台的设计有特殊要求时，宜增加必要的文字注解。

（3）独立承台的原位标注，系在桩基承台平面布置图上标注独立承台的平面尺寸，相同编号的独立承台，可仅选择一个进行标注，其他仅注编号。注写规定如下：

1）矩形独立承台：原位标注 x、y，x_c、y_c（或圆柱直径 d_c），x_i、y_i、a_i、b_i，$i=1$，2，$3\cdots\cdots$。其中，x、y 为独立承台两向边长，x_c、y_c 为柱截面尺寸，x_i、y_i 为阶宽或坡形平面尺寸，a_i、b_i 为桩的中心距及边距（a_i、b_i 根据具体情况可不注）。见图 3-57。

2）三桩承台。结合 X、Y 双向定位，原位标注 x 或 y，x_c、y_c（或圆柱直径 d_c），x_i、y_i，$i=1$，2，$3\cdots\cdots$，a。其中，x 或 y 为三桩独立承台平砸垂直于底边的高度，x_c、y_c 为柱截面尺寸，x_i、y_i 为承台分尺寸和定位尺寸，a 为桩中心距切角边缘的距离。等边三桩独立承台平面原位标注，见图 3-58。

等腰三桩独立承台平面原位标注，见图 3-59。

3）多边形独立承台。结合 X、Y 双向定位，原位标注 x 或 y，x_c、y_c（或圆柱直径 d_c），x_i、y_i、a_i，$i=1$，2，$3\cdots\cdots$。具体设计时，可参照矩形独立承台或三桩独立承台的原位标注规定。

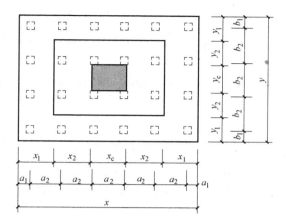

图 3-57 矩形独立承台平面原位标注

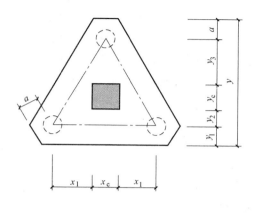

图 3-58 等边三桩独立承台平面原位标注

7. 承台梁的平面注写方式

（1）承台梁 CTL 的平面注写方式，分集中标注和原位标注两部分内容。

（2）承台梁的集中标注内容为：承台梁编号、截面尺寸和配筋三项必注内容，以及承台梁底面标高（与承台底面基准标高不同时）、必要的文字注解两项选注内容。具体规定如下：

1）注写承台梁编号（必注内容），见表 3—12。

2）注写承台梁截面尺寸（必注内容）。即注写 $b \times h$，表示梁截面宽度与高度。

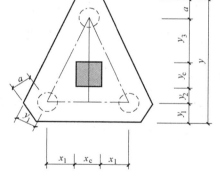

图 3-59 等腰三桩独立承台平面原位标注

3）注写承台梁配筋（必注内容）。

① 注写承台梁箍筋：

a. 当具体设计仅采用一种箍筋间距时，注写钢筋级别、直径、间距与肢数（箍筋肢数写在括号内，下同）。

b. 当具体设计采用两种箍筋间距时，用"/"分隔不同箍筋的间距。此时，设计应指定其中一种箍筋间距的布置范围。

施工时应注意：在两向承台梁相交位置，应有一向截面较高的承台梁箍筋贯通设置；当两向承台梁等高时，可任选一向承台梁的箍筋贯通设置。

② 注写承台梁底部、顶部及侧面纵向钢筋：

a. 以 B 打头，注写承台梁底部贯通纵筋；

b. 以 T 打头，注写承台梁顶部贯通纵筋；

c. 当梁底部或顶部贯穿纵筋多于一排时，用"／"将各排纵筋自上而下分开；

d. 以大写字母 G 打头注写承台梁侧面对称设置的纵向构造钢筋的总配筋值（当梁腹板高度 $h_w \geqslant 450mm$ 时，根据需要配置）。

4）注写承台梁底面标高（选注内容）。当承台梁底面标高与桩基承台底面基准标高不同时，将承台梁底面标高注写在括号内。

5）必要的文字注解（选注内容）。当承台梁的设计有特殊要求时，宜增加必要的文字注解。

（3）承台梁的原位标注规定如下：

1）原位标注承台梁的附加箍筋或（反扣）吊筋。当需要设置附加箍筋或（反扣）吊筋时，将附加箍筋或（反扣）吊筋直接画在平面图中的承台梁上，原位直接引注总配筋值（附加箍筋的肢数注在括号内）。当多数梁的附加箍筋或（反扣）吊筋相同时，可在桩基承台平法施工图上统一注明；少数与统一注明值不同时，再原位直接引注。

施工时应注意：附加箍筋或（反扣）吊筋的几何尺寸应参照图 3-60～图 3-62，结合其所在位置的主梁和次梁的截面尺寸而定。

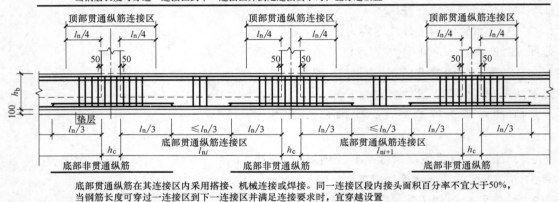

图 3-60　基础梁 JL 纵向钢筋与箍筋构造

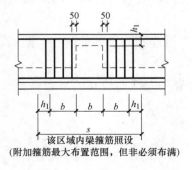

图 3-61　附加箍筋构造

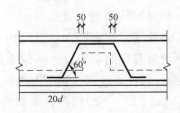

图 3-62　附加（反扣）吊筋构造

注：吊筋高度应根据基础梁高度推算，吊筋顶部平直段与基础梁顶部纵筋净距应满足规范要求，当净距不足时应置于下一排。

2）原位注写修正内容。当在承台梁上集中标注的某项内容（如截面尺寸、箍筋、底部与顶部贯通纵筋或架立筋、梁侧面纵向构造钢筋、梁底面标高等）不适用于某跨或某外伸部位时，将其修正内容原位标注在该跨或该外伸部位，施工时原位标注取值优先。

8. 桩基承台的截面注写方式

（1）桩基承台的截面注写方式，可分为截面标注和列表注写（结合截面示意图）两种表达方式。

采用截面注写方式，应在桩基平面布置图上对所有桩基承台进行编号，见表3-11和表3-12。

（2）桩基承台的截面注写方式，可参照独立基础及条形基础的截面注写方式，进行设计施工图的表达。

9. 其他

与桩基承台相关的基础连系梁等构件的平法施工图设计。

3.4.2 桩基础构件钢筋计算

矩形承台配筋构造，如图3-63所示。当桩直径或桩截面边长＜800mm时，桩顶嵌入承台50mm；当桩直径或桩截面边长≥800mm时，桩顶嵌入承台100mm。

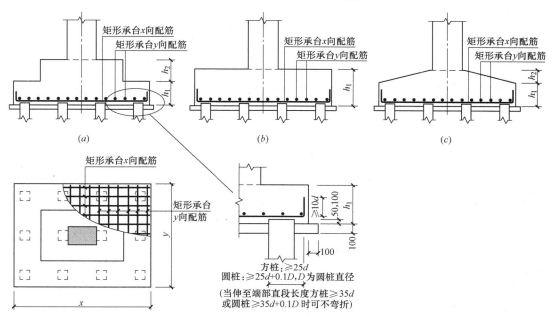

图3-63 矩形承台配筋构造

（a）阶形截面 $\boxed{\text{CT}_\text{J}}$；（b）单阶形截面 $\boxed{\text{CT}_\text{J}}$；（c）坡形截面 $\boxed{\text{CT}_\text{P}}$

墙下单排桩承台梁CTL配筋构造，如图3-64所示。当桩直径或桩截面边长＜800mm时，桩顶嵌入承台50mm；当桩直径或桩截面边长≥800mm时，桩顶嵌入承台100mm。

拉筋直径为 8mm,间距为箍筋的两倍。当设有多排拉筋时,上下两排拉筋竖向错开设置。

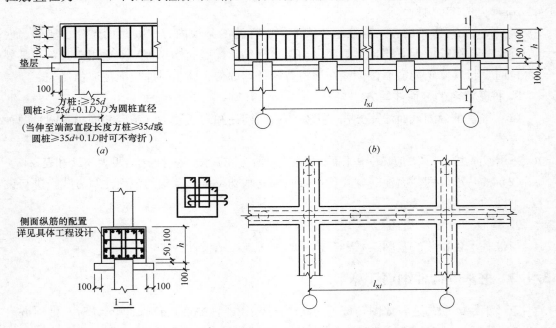

图 3-64 墙下单排桩承台梁 CTL 配筋构造

(a)梁端部钢筋构造;(b)墙下单排桩承台梁 CTL 钢筋构造

墙下双排桩承台梁 CTL 配筋构造,如图 3-65 所示。

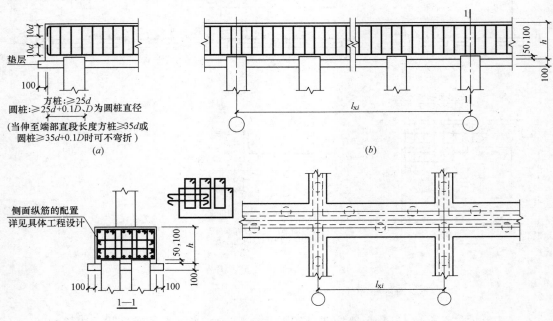

图 3-65 墙下双排桩承台梁 CTL 配筋构造

(a)承台梁端部钢筋构造;(b)墙下双排桩承台梁 CTL 钢筋构造

灌注桩通长等截面与灌注桩部分长度配筋构造，如图 3-66 所示。

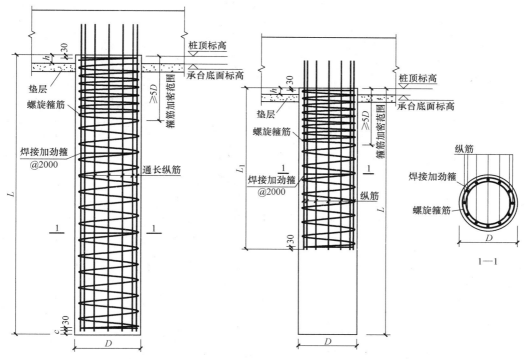

图 3-66 灌注桩通长等截面与灌注桩部分长度配筋构造

灌注桩通长变截面配筋构造，如图 3-67 所示。

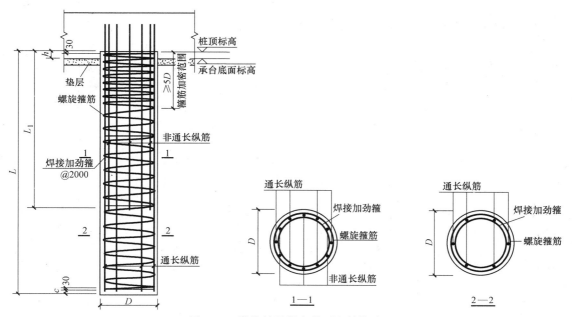

图 3-67 灌注桩通长变截面配筋构造

h——桩顶进入承台高度

钢筋混凝土灌注桩桩顶与承台连接构造，如图 3-68 所示。

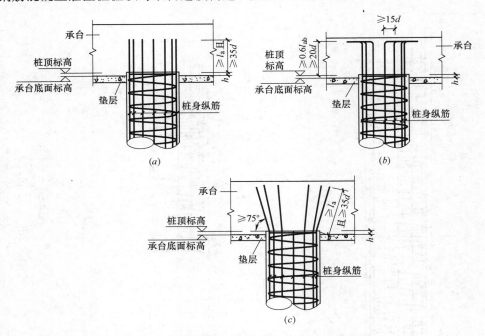

图 3-68 钢筋混凝土灌注桩桩顶与承台连接构造

(a) 桩顶与承台连接构造（一）；(b) 桩顶与承台连接构造（二）；(c) 桩顶与承台连接构造（三）

d——桩内纵筋直径；h——桩顶进入承台高度

3.5 基础构件钢筋工程量清单实例

【**例 3-1**】 某坡形独立基础 DJ_P1 配筋构造，如图 3-69 所示，钢筋采用绑扎连接，混凝土强度等级为 C25，混凝土保护层厚度为 40mm。试计算独立基础钢筋工程量，并编制

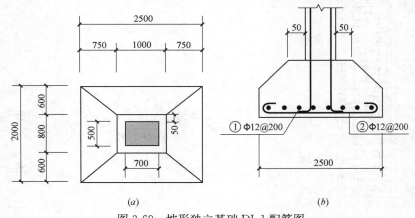

图 3-69 坡形独立基础 DJ_P1 配筋图

(a) 基础底面受力钢筋；(b) 基础配筋

工程量清单。

【解】

Φ12 钢筋单位理论质量：0.888kg/m。

1. 工程量计算

① 号受力钢筋根数＝(2－0.04×2)/0.2＋1＝11根

② 号受力钢筋根数＝(2.5－0.04×2)/0.2＋1＝13.1，取 14 根

注：为保证结构的可靠性，钢筋根数按只入不舍计算。

① 号受力钢筋单根长度＝2.5－2×0.04＋12.5×0.012＝2.57m

② 号受力钢筋单根长度＝2－2×0.04＋12.5×0.012＝2.07m

① 号受力钢筋质量＝2.57×11×0.888＝25.10kg＝0.025t

② 号受力钢筋质量＝2.07×14×0.888＝25.73kg＝0.026t

2. 工程量清单编制

分部分项工程量清单见表 3-13。

分部分项工程量清单 　　　　　　　　　　　　　　　　　　表 3-13

序号	项目编码	项目名称	项目特征	计量单位	工程量
1	010515001001	现浇构件钢筋	①号受力钢筋Φ12	t	0.025
2	010515001002	现浇构件钢筋	②号受力钢筋Φ12	t	0.026

【例 3-2】 某独立基础 DJ$_J$1 平法施工图如图 3-70 所示，其剖面图见图 3-71。试计算其钢筋工程量并编制工程量清单。

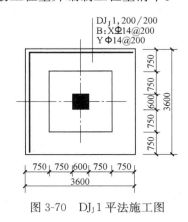

图 3-70　DJ$_J$1 平法施工图

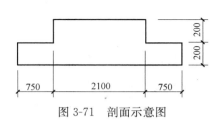

图 3-71　剖面示意图

【解】

Φ14 钢筋单位理论质量为 1.208kg/m。

从图 3-70 和图 3-71 可知，这是一个普通阶形独立基础，两阶高度为 200/200mm。

1. X 向钢筋

X 向钢筋长度＝$x－2c$＝3600－2×40＝3520mm

X 向钢筋根数＝$[y－2×\min(75,s/2)]/s＋1$＝(3600－2×75)/200＋1＝19根

2. Y 向钢筋

Y 向钢筋长度＝$y-2c$＝3600－2×40＝3520mm

Y 向钢筋根数＝$[y-2×\min(75,s/2)]/s+1$＝(3600－2×75)/200＋1＝19根

Φ14钢筋工程量＝(3.52×19＋3.52×19)×1.208＝161.582kg＝0.162t

分部分项工程量清单见表 3-14。

分部分项工程量清单   表 3-14

序号	项目编码	项目名称	项目特征	计量单位	工程量
1	010515001001	现浇构件钢筋	Φ14	t	0.162

【例 3-3】 某 C30 独立基础钢筋构造如图 3-72 所示，混凝土保护层厚度为 40mm，试计算钢筋工程量并编制工程量清单表。

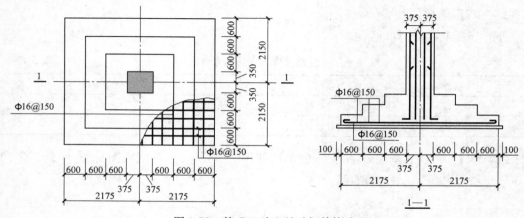

图 3-72 某 C30 独立基础钢筋构造

【解】

Φ16 钢筋单位理论质量：1.578kg/m

底板底部纵向 X 宽度＝2175×2＝4350mm

底板底部横向 Y 宽度＝2150×2＝4300mm

纵向横向长度都大于 2500mm，长度缩短 10％。

1. X 向钢筋Φ16@150

不缩短的钢筋长度＝4350－40×2＋6.25d×2＝4470mm

钢筋根数＝2根

缩短的钢筋长度＝4350×0.9＋6.25d×2＝4115mm

钢筋根数＝(4300－2×75)/150－1＝27根

2. Y 向钢筋Φ14@150

不缩短的钢筋长度＝4300－40×2＋6.25d×2＝4395mm

钢筋根数＝2根

缩短的钢筋长度＝4300×0.9＋6.25d×2＝4045mm

钢筋根数＝（4350－2×75)/150－1＝27根

Φ16钢筋工程量＝(4.470×2＋4.115×27＋4.395×2＋4.045×27)×1.578

$$＝375.64kg$$

$$＝0.376t$$

分部分项工程量清单见表 3-15。

分部分项工程量清单 表 3-15

序号	项目编码	项目名称	项目特征	计量单位	工程量
1	010515001001	现浇构件钢筋	Φ16	t	0.374

【**例 3-4**】 试计算图 3-73 所示基础平面布置图中的 DJ$_J$02 基础的钢筋工程量，并编制工程量清单表。

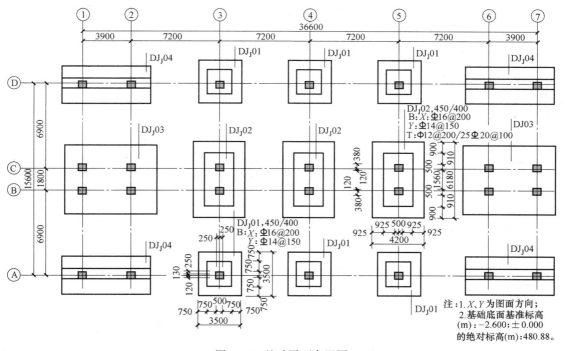

图 3-73 基础平面布置图

【**解**】

从图 3-73 可以看出，钢筋集中标注共有两个部分，即 B：X：Φ16@200 Y：Φ14@150 和 T：Φ12@200/25Φ20@100。

钢筋保护层厚度：底筋保护层厚度为 40mm（有垫层），基础顶筋保护层厚度为 20mm。

Φ12 钢筋单位理论质量：0.888kg/m；

Φ14 钢筋单位理论质量：1.208kg/m；

Φ16 钢筋单位理论质量：1.578kg/m；

Φ20 钢筋单位理论质量：2.466kg/m。

1. 底板钢筋（即 B：X：Φ16@200 Y：Φ14@150）

B 表示底部钢筋，X：Φ16@200 表示 X 向钢筋（即横向钢筋）为 Φ16@200；

Y：Φ14@150 表示 Y 向钢筋（即竖向钢筋）为 Φ14@150。

基础底部 X 向尺寸 4.2m，Y 向尺寸 6.18m；基础顶部 X 向尺寸 2.35m，Y 向尺寸 4.38m。共有 3 个 DJ$_J$02 基础。

（1）X 向钢筋（Φ16@200）

$$钢筋根数 = \frac{6.18 - 0.04 \times 2}{0.20} + 1 = 30.5 + 1 = 31.5 \approx 32 根$$

为了保证结构的可靠性，钢筋根数按只入不舍计算，后同。

钢筋工程量＝[(4.2－0.04×2)×2＋4.2×90％×30]×1.578×3＝575.84kg

根据规定，基础底部最外边 2 根钢筋的长度按 100％计算，中间 30 根钢筋的长度按基础边长的 90％计算，后同。

HRB335 级钢筋两端不加弯钩。

（2）Y 向钢筋（Φ14@150）

$$钢筋根数 = \frac{4.2 - 0.04 \times 2}{0.15} + 1 = 27.47 + 1 = 28.47 \approx 29 根$$

钢筋工程量＝[(6.18－0.04×2)×2＋6.18×90％×27]×1.208×3＝588.44kg

底板钢筋合计：575.84＋588.44＝1164.28kg

2. 顶部钢筋（即 T：Φ12@200/25Φ20@100）

T 表示顶部配置，Φ12@200 表示横向分布钢筋，直径为 12mm，间距 200mm；25Φ20@100 表示纵向受力钢筋，直径为 20mm，间距 100mm，共 25 根。

基础顶部的横向尺寸 2.35m，纵向尺寸 4.38m。

（1）横向分布钢筋（Φ12@200）

$$钢筋根数 = \frac{4.38 - 0.02 \times 2}{0.20} + 1 = 21.7 + 1 = 22.7 \approx 23 根$$

钢筋工程量＝[1.50＋12.5×0.01(锚固)]×23×0.888×3＝99.57kg

（2）纵向受力钢筋（25Φ20@100）

钢筋根数＝25 根（图中标注为 25 根，按图中标注计算）

图中标注25根钢筋的计算：(2.35－0.02×2)÷0.10＝23.10＋1＝24.10≈25根

钢筋工程量＝(4.38－0.02×2)×25×2.466×3＝802.68kg

顶部钢筋合计：99.57＋802.68＝902.25kg

DJ$_J$02 基础钢筋工程量＝1164.28（底板钢筋）＋902.25（顶部钢筋）＝2066.53kg＝2.067t

3. 工程量清单编制

分部分项工程量清单见表 3-16。

分部分项工程量清单   表 3-16

序号	项目编码	项目名称	项目特征	计量单位	工程量
1	010515001001	现浇构件钢筋	Φ12	t	0.100
2	010515001002	现浇构件钢筋	Φ14	t	0.588
3	010515001003	现浇构件钢筋	Φ16	t	0.576
4	010515001004	现浇构件钢筋	Φ20	t	0.803

【例 3-5】 某基础梁 JL02 平法施工图如图 3-74 所示，混凝土保护层厚度为 30mm，试计算其钢筋工程量并编制工程量清单。

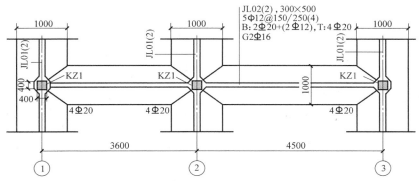

图 3-74 JL02 平法施工图

【解】

本例中不计算加腋筋。

1. 计算参数

保护层厚度 $c=30\text{mm}$，$l_a=30d$，梁包柱侧腋$=50\text{mm}$

双肢箍长度计算公式：$(b-2c+d)\times2+(h-2c+d)\times2+(1.9d+10d)\times2$

2. 钢筋工程量计算

（1）底部贯通纵筋 2Φ20

长度$=(3600+4500+200\times2+50\times2)-2\times30+2\times15\times20=9140\text{mm}$

工程量$=9.14\times2\times2.466=45.08\text{kg}=0.045\text{t}$

（2）顶部贯通纵筋 4Φ20

长度$=(3600+4500+200\times2+50\times2)-2\times30+2\times12\times20=9020\text{mm}$

工程量$=9.02\times4\times2.466=88.97\text{kg}=0.089\text{t}$

（3）箍筋

外大箍筋长度$=(300-2\times30+12)\times2+(500-2\times30+12)\times2+2\times11.9\times12=1694\text{mm}$

内小箍筋长度$=[(300-2\times30-20)/3+20+12]\times2+(500-2\times30+12)\times2+2\times11.9\times12=1400\text{mm}$

箍筋根数：

第一跨：5×2+6=16 根

两端各 5Φ12；

中间箍筋根数=(3600−200×2−50×2−150×5×2)/250−1=6 根

第二跨：5×2+9=19 根

两端各 5Φ12；

中间箍筋筋根数=(4500−200×2−50×2−150×5×2)/250−1=9 根

节点内箍筋根数=400/150=3 根

JL02 箍筋总根数为：

外大箍筋根数=15+19+3×3=43 根

外大箍筋工程量=1.694×43×0.888=64.68kg=0.065t

内小箍筋根数=43 根

内小箍筋工程量=1.400×43×0.888=53.46kg=0.053t

（4）底部端部非贯通筋 2Φ20

长度=延伸长度 $l_0/3$+伸至端部并弯折 $15d$=4500/3+200+50−30+15×20=2020mm

工程量=2.02×2×2.466=9.96kg=0.010t

（5）底部中间柱下区域非贯通筋 2Φ20

长度=2×l_0/3=2×4500/3=3000mm

工程量=3×2×2.466=14.8kg=0.015t

（6）底部架立筋 2Φ12

计算公式=轴线尺寸−2×l_0/3+2×150

第一跨底部架立筋长度=3600−2×(4500/3)+2×150=900mm

第二跨底部架立筋长度=4500−2×(4500/3)+2×150=1800m

工程量=(0.9+1.8)×2×0.888=4.8kg=0.005t

（7）侧部构造筋 2Φ16

计算公式=净长+$15d$

第一跨侧部构造钢筋长度=3600−2×(200+50)=3100mm

第一跨侧部构造钢筋长度=4500−2×(200+50)=4000mm

拉筋（Φ8）间距为最大箍筋间距的 2 倍

第一跨拉筋根数=[3600−2×(200+50)]/500+1=8 根

第二跨拉筋根数=[4500−2×(200+50)]/500+1=9 根

工程量=(3.1×8+4×9)×0.395=24.02kg=0.024t

3. 工程量清单编制

分部分项工程量清单见表 3-17。

分部分项工程量清单　　　　　　　　　　　表 3-17

序号	项目编码	项目名称	项目特征	计量单位	工程量
1	010515001001	现浇构件钢筋	拉筋Φ8	t	0.024
2	010515001002	现浇构件钢筋	底部架立筋Φ12	t	0.005
3	010515001003	现浇构件钢筋	外大箍筋Φ12	t	0.065
4	010515001004	现浇构件钢筋	内小箍筋Φ12	t	0.053
5	010515001005	现浇构件钢筋	底部贯通纵筋Φ20	t	0.045
6	010515001006	现浇构件钢筋	顶部贯通纵筋Φ20	t	0.089
7	010515001007	现浇构件钢筋	底部端部非贯通筋Φ20	t	0.010
8	010515001008	现浇构件钢筋	底部中间柱下区域非贯通筋Φ20	t	0.015

【例 3-6】 某条形基础 TJB_P01 平法施工图，如图 3-75 所示，端部混凝土保护层厚度为 30mm，分布筋与同向受力筋搭接长度为 150mm，试计算其钢筋工程量并编制工程量清单。

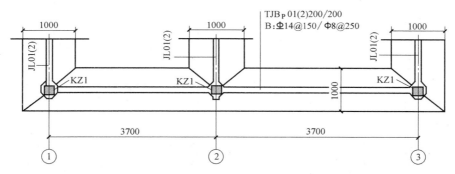

图 3-75　TJB_P01 平法施工图

【解】

1. 计算参数

保护层厚度 $c=30mm$，$l_a=29d$，分布筋与同向受力筋搭接长度 $=150mm$，起步距离 $=\max(s'/2, 75)$ mm

2. 钢筋工程量计算

（1）受力筋Φ14@150

长度 $=$ 条形基础底板宽度 $-2c=1000-2\times30=940mm$

根数 $=(3700\times2+2\times500-2\times75)/150+1=56$ 根

工程量 $=0.94\times56\times1.208=63.59kg=0.064t$

（2）分布筋Φ8@250

长度 $=3700\times2-2\times500+2\times30+2\times150+2\times6.25\times8=6860mm$

单侧根数 $=(500-150-125)/250+1=2$ 根

工程量 $=6.86\times4\times0.395=10.84kg=0.011t$

3. 工程量清单编制

分部分项工程量清单见表 3-18。

分部分项工程量清单　　　　　　　　　　　　　表 3-18

序号	项目编码	项目名称	项目特征	计量单位	工程量
1	010515001001	现浇构件钢筋	Φ8	t	0.011
2	010515001002	现浇构件钢筋	Φ14	t	0.064

【例 3-7】 试计算图 3-76 条形基础图中的 TJB$_P$01（6B）、TJB$_P$02（6B）、TJB$_P$03（3B）、TJB$_P$04（3B）的钢筋工程量。

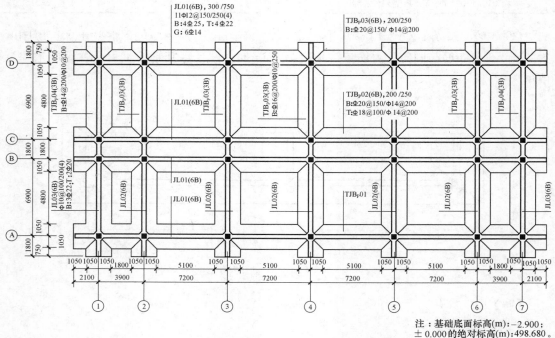

图 3-76　条形基础平面注写示意图

【解】：

钢筋保护层：底筋保护层为 40mm（有垫层），基础顶筋保护层为 20mm。

钢筋单位理论质量：Φ10 钢筋 0.617kg/m、Φ14 钢筋 1.208kg/m、Φ16 钢筋 1.578kg/m、Φ18 钢筋 1.998kg/m、Φ20 钢筋 2.466kg/m。

1. TJBP01（6B）钢筋工程量（Ⓐ轴、Ⓓ轴线基础底板钢筋 B：Φ20@150/Φ14@200）

（1）Φ20 受力钢筋（间距 150mm）

根数＝（40.80－0.04×2）÷0.15＋1＝273根（钢筋根数按只入不舍计算，后同）

工程量＝（2.10－0.04×2）×273×2×2.466＝2719.80kg

（2）Φ14 构造钢筋（间距 200mm）

根数＝（2.10－0.04×2）÷0.20＋1＝12根

工程量＝（40.80－0.04×2＋12.5×0.012）×12×2×1.208＝1184.90kg

2. TJBP02（6B）钢筋工程量（Ⓑ轴、Ⓒ轴线基础钢筋）

（1）基础底板底部钢筋（B：Φ20@150/Φ14@200）

Φ20 受力钢筋（间距 150mm）

根数＝（40.80－0.04×2）÷0.15＋1＝273根

工程量＝（3.90－0.04×2）×273×2.466＝2571.69kg

Φ14 构造钢筋（间距 200mm）：

根数＝（3.90－0.04×2）÷0.20＋1＝21根

工程量＝（40.80－0.04×2＋12.5×0.012）×21×1.208＝1036.79kg

（2）基础底板顶部钢筋（T：Φ18@100/Φ14@200）

Φ18 受力钢筋（间距 100mm）

根数＝（40.80－0.02×2）÷0.10＋1＝409根

工程量＝[1.8－0.15×2（梁宽）＋44×0.016×2（锚固）]×409×1.998＝2376.37kg

基础底板顶部钢筋保护层为 20mm；钢筋锚固长度为 44d（混凝土强度等级 C20、抗震等级二级）。

Φ14 构造钢筋（间距 200mm）

根数＝（1.50÷0.20－1）＋（0.40÷0.20）×2＝7＋2×2＝11根

注：钢筋根数必须分段计算；基础梁处不布置构造钢筋；由于受力钢筋的锚固长度＝44×0.016＝704mm，704－300（基础梁宽）＝404mm，所以基础梁外侧按 400mm 计算。

工程量＝（40.80－0.02×2＋12.5×0.012）×11×1.208＝543.61kg

关于钢筋根数的计算：钢筋根数是用布筋距离除以钢筋间距加 1 或减 1 或不加不减，计算公式如下：

钢筋根数＝布筋距离÷钢筋间距±1（0）

在上计算式中是否加 1、减 1 或不加不减，要根据计算的先后顺序决定，见表 3-19。

钢筋根数计算分析表 表 3-19

项目	钢筋布置			合计
钢筋布置简图	@150（左跨）	@200（中跨）	@150（右跨）	2250
布筋距离(mm)	450	1200	600	2250
间距(mm)	150	200	150	—
等分数(个)	3	6	4	13
钢筋根数(根)	—	—	—	14

表 3-19 中若先算左右两端再算中间，则：

左端：450÷150＋1＝4 根（加 1）

右端：600÷150＋1＝5 根（加 1）

中间：1200÷200－1＝5 根（减 1）

合计：14 根

若先算中间再算左右两端，则：

中间：1200÷200＋1＝7 根（加 1）

左端：450÷150＝3 根（不加不减）

右端：600÷150＝4 根（不加不减）

合计：14 根

若从左至右计算，则：

左端：450÷150＋1＝4 根（加 1）

中间：1200÷200＝6 根（不加不减）

右端：600÷150＝4 根（不加不减）

合计：14 根

钢筋根数计算，是否加 1、减 1 或不加不减，要看计算的先后顺序，具体情况具体分析，才能正确计算。总之，若两头不布置钢筋就用等分数减 1；若两头要布置钢筋就用等分数加 1；若仅一头已经计算了钢筋，就不加不减。

3. TJB$_P$03（3B）钢筋工程量（②～⑥轴线基础钢筋 B：Φ16@200/Φ10@250）

（1）Φ16 受力钢筋（间距 200mm）

根数＝[(0.75－0.04＋0.04＋2.10÷4)÷0.20＋1]×2＋[(4.80＋2.10÷4＋3.90÷4)÷0.20＋1]×2＝8×2＋33×2＝82根

工程量＝(2.10－0.04×2)×82×5×1.578＝1306.90kg

（2）Φ10 构造钢筋（间距 250mm）

根数＝(1.05－0.15－0.04)÷0.25×2＝8根

工程量＝[(0.75－0.04＋0.04＋0.15)×2＋(4.80＋0.04×2＋0.15×2)×2]×8×5×0.617＝262.60kg

4. TJB$_P$04（3B）钢筋工程量（①轴、⑦轴线基础钢筋 B：Φ14@200/Φ10@200）

（1）Φ14 受力钢筋（间距 200mm）

根数＝TJBP03(3B)钢筋根数＝82根

工程量＝(2.10－0.04×2)×82×2×1.208＝400.19kg

（2）Φ10 构造钢筋（间距 200mm）

根数＝(1.05－0.15－0.04)÷0.20×2＝10根

工程量＝[(0.75－0.04＋0.04＋0.15)×2＋(4.80＋0.04×2＋0.15×2)×2]×10×2×0.617＝150.05kg

5. 钢筋工程量汇总

Φ20 钢筋工程量：2719.80＋2571.69＝5291.49kg＝5.291t

Φ18 钢筋工程量：2376.37kg＝2.376t

Φ16 钢筋工程量：1306.90kg＝1.307t

Φ14 钢筋工程量：1184.90＋1036.79＋543.61＋400.19＝3165.49kg＝3.165t

Φ10 钢筋工程量：262.60＋150.05＝412.65kg＝0.413t

6. 工程量清单编制

分部分项工程量清单见表 3-20。

分部分项工程量清单　　　　　　　　　　　　　　表 3-20

序号	项目编码	项目名称	项目特征	计量单位	工程量
1	010515001001	现浇构件钢筋	Φ10	t	0.413
2	010515001002	现浇构件钢筋	Φ14	t	3.165
3	010515001003	现浇构件钢筋	Φ16	t	1.307
4	010515001004	现浇构件钢筋	Φ18	t	2.376
5	010515001005	现浇构件钢筋	Φ20	t	5.291

【**例 3-8**】 基础主梁 JL01 平法施工图如图 3-77 所示，混凝土保护层厚度为 30mm，试计算其钢筋工程量并编制工程量清单。

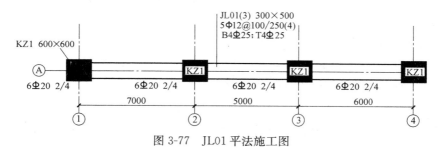

图 3-77　JL01 平法施工图

【**解**】

1. 计算参数

保护层厚度 $c＝30$mm；$l_a＝30d$

双肢箍长度计算公式：$(b-2c+d)×2+(h-2c+d)×2+(1.9d+10d)×2$

箍筋起步距离＝50mm

2. 钢筋工程量计算

（1）底部及顶部贯通纵筋成对连通设置 4Φ25：

长度＝2×（梁长－保护层）＋2×（梁高－保护层）＝2×（7000＋5000＋6000＋600－60）＋2×（500－60）＝37960mm

接头个数＝37960/9000－1＝4 个

工程量＝37.96×4×3.853＝585.04kg＝0.585t

（2）支座 1、4 底部非贯通纵筋 2Φ25

总长度＝自柱中心线向跨内的延伸长度＋柱中心线外支座宽度＋$15d＝\max(l_0/3$, $1.2l_a+h_b+0.5h_c)+0.5h_c-c+15d＝\max(7000/3, 1.2×30×25+500+300)+300-30+$

$15 \times 25 = 2978mm$

工程量$= 2.978 \times 2 \times 3.853 = 22.95kg = 0.023t$

(3) 支座 2、3 底部非贯通筋 2Φ25

长度=两端延伸$= 2 \times \max [\max (l_0/3, 1.2l_a + h_b + 0.5h_c)] = 2 \times \max (7000/3, 1.2 \times 30 \times 25 + 500 + 300) = 2 \times 2333 = 4666mm$

工程量$= 4.666 \times 2 \times 3.853 = 35.96kg = 0.036t$

(4) 箍筋长度

双肢箍长度计算公式$= (b - 2c + d) \times 2 + (H - 2c + d) \times 2 + (1.9d + 10d) \times 2$

外大箍筋长度$= (300 - 2 \times 30 + 12) \times 2 + (500 - 2 \times 30 + 12) \times 2 + 2 \times 11.9 \times 12 = 1693.6mm$

内小箍筋长度$= [(300 - 2 \times 30 - 25)/3 + 25 + 12] \times 2 + (500 - 2 \times 30 + 12) \times 2 + 2 \times 11.9 \times 12 = 1407mm$

1) 第 1、3 净跨箍筋根数

每边 5 根间距 100 的箍筋,两端共 10 根

跨中箍筋根数$= (7000 - 600 - 550 \times 2)/200 - 1 = 26$根

总根数$= 10 + 26 = 36$根

2) 第 2 净跨箍筋根数

每边 5 根间距 100 的箍筋,两端共 10 根

跨中箍筋根数$= (5000 - 600 - 550 \times 2)/200 - 1 = 16$根

总根数$= 10 + 16 = 26$根

3) 支座 1、2、3、4 内箍筋(节点内按跨端第一种箍筋规格布置)

根数$= (600 - 100)/100 + 1 = 6$根

四个支座共计:$4 \times 6 = 24$根

4) 整梁总箍筋根数$= 36 \times 2 + 26 + 24 = 122$根

注:计算中出现的"550"是指梁端 5 根箍筋共 500mm 宽,再加 50mm 的起步距离。

工程量$= (1.694 + 1.407) \times 122 \times 2.466 = 932.94kg = 0.933t$

3. 工程量清单编制

分部分项工程量清单见表 3-21。

分部分项工程量清单 表 3-21

序号	项目编码	项目名称	项目特征	计量单位	工程量
1	010515001001	现浇构件钢筋	Φ20	t	0.933
2	010515001002	现浇构件钢筋	Φ25	t	0.585
3	010515001003	现浇构件钢筋	Φ25	t	0.023
4	010515001004	现浇构件钢筋	Φ25	t	0.036

4 主体构件钢筋计算与工程量清单实例

4.1 柱构件

4.1.1 柱构件平法施工图制图规则

1. 柱平法施工图的表示方法

（1）柱平法施工图系在柱平面布置图上采用列表注写方式或截面注写方式表达。

（2）柱平面布置图，可采用适当比例单独绘制，也可与剪力墙平面布置图合并绘制。

（3）在柱平法施工图中，应按规定注明各结构层的楼面标高、结构层高及相应的结构层号，尚应注明上部结构嵌固部位位置。

（4）上部结构嵌固部位的注写

1）框架柱嵌固部位在基础顶面时，无须注明。

2）框架柱嵌固部位不在基础顶面时，在层高表嵌固部位标高下使用双细线注明，并在层高表下注明上部结构嵌固部位标高。

3）框架柱嵌固部位不在地下室顶板，但仍需考虑地下室顶板对上部结构实际存在嵌固作用时，可在层高表地下室顶板标高下使用双虚线注明，此时首层柱端箍筋加密区长度范围及纵筋连接位置均按嵌固部位要求设置。

2. 列表注写方式

（1）列表注写方式，系在柱平面布置图上（一般只需采用适当比例绘制一张柱平面布置图，包括框架柱、转换柱、梁上柱和剪力墙上柱），分别在同一编号的柱中选择一个（有时需要选择几个）截面标注几何参数代号；在柱表中注写柱编号、柱段起止标高、几何尺寸（含柱截面对轴线的偏心情况）与配筋的具体数值，并配以各种柱截面形状及其箍筋类型图的方式来表达柱平法施工图，如图 4-1 所示。

（2）柱表注写内容规定如下：

1）注写柱编号，柱编号由类型代号和序号组成，应符合表 4-1 的规定。

表 4-1

柱编号

柱 类 型	代号	序号	柱 类 型	代号	序号
框架柱	KZ	××	梁上柱	LZ	××
转换柱	ZHZ	××	剪力墙上柱	QZ	××
芯柱	XZ	××			

注：编号时，当柱的总高、分段截面尺寸和配筋均对应相同，仅截面与轴线的关系不同时，仍可将其编为同一柱号，但应在图中注明截面与轴线的关系。

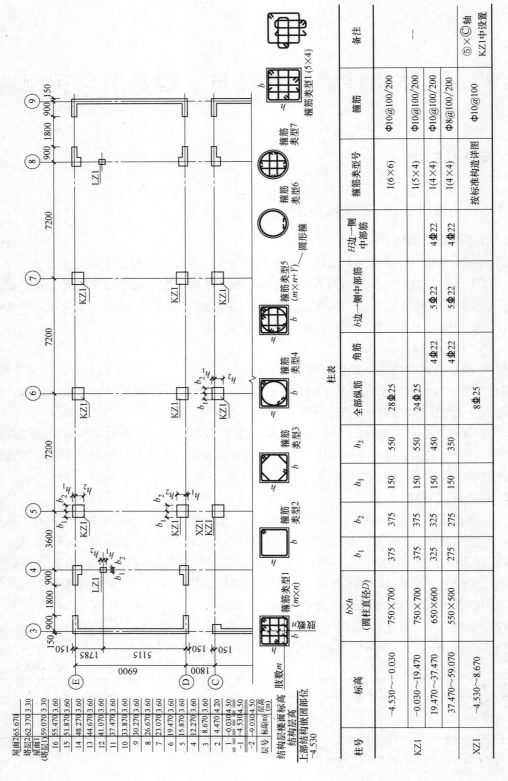

图 4-1 -4.530~59.070m柱平法施工图(局部)

注：1. 如采用非对称配筋。需要在柱表中增加相应栏目分别表示各边的中部筋。

2. 箍筋对纵筋至少隔一拉一。

3. 类型 1、5 的箍筋肢数可有多种组合，右图为 5×4 的组合，其余类型为固定形式，在表中只注类型号即可。

4. 地下一层（－1 层）、首层（1 层）柱端箍筋加密区长度范围及纵筋连接位置，均按嵌固部位要求设置。

2）注写各段柱的起止标高，自柱根部往上以变截面位置或截面未变但配筋改变处为界分段注写。框架柱和转换柱的根部标高系指基础顶面标高；芯柱的根部标高系指根据结构实际需要而定的起始位置标高；梁上柱的根部标高系指梁顶面标高；剪力墙上柱的根部标高为墙顶面标高。

3）对于矩形柱，注写柱截面尺寸 $b×h$ 及与轴线关系的几何参数代号 b_1、b_2 和 h_1、h_2 的具体数值，需对应于各段柱分别注写。其中，$b=b_1+b_2$，$h=h_1+h_2$。当截面的某一边收缩变化至与轴线重合或偏到轴线的另一侧时，b_1、b_2、h_1、h_2 中的某项为零或为负值。

对于圆柱，表中 $b×h$ 一栏改用在圆柱直径数字前加 d 表示。为表达简单，圆柱截面与轴线的关系也用 b_1、b_2 和 h_1、h_2 表示，并使 $d=b_1+b_2=h_1+h_2$。

对于芯柱，根据结构需要，可以在某些框架柱的一定高度范围内，在其内部的中心位置设置（分别引注其柱编号）。芯柱中心应与柱中心重合，并标注其截面尺寸，按16G101-1 标准构造详图施工；当设计者采用与本构造详图不同的做法时，应另行注明。芯柱定位随框架柱，不需要注写其与轴线的几何关系。

4）注写柱纵筋。当柱纵筋直径相同，各边根数也相同时（包括矩形柱、圆柱和芯柱），将纵筋注写在"全部纵筋"一栏中；除此之外，柱纵筋分角筋、截面 b 边中部筋和 h 边中部筋三项分别注写（对于采用对称配筋的矩形截面柱，可仅注写一侧中部筋，对称边省略不注；对于采用非对称配筋的矩形截面柱，必须每侧均注写中部筋）。

5）注写箍筋类型号及箍筋肢数，在箍筋类型栏内注写按（3）的箍筋类型号与肢数。

6）注写柱箍筋，包括钢筋级别、直径与间距。

用斜线"/"区分柱端箍筋加密区与柱身非加密区长度范围内箍筋的不同间距。施工人员需根据标准构造详图的规定，在规定的几种长度值中取其最大者作为加密区长度。当框架节点核心区内箍筋与柱端箍筋设置不同时，应在括号中注明核心区箍筋直径及间距。

（3）具体工程所设计的各种箍筋类型图以及箍筋复合的具体方式，需画在表的上部或图中的适当位置，并在其上标注与表中相对应的 b、h 和类型号。

注：确定箍筋肢数时，要满足对柱纵筋"隔一拉一"以及箍筋肢距的要求。

（4）采用列表注写方式表达的柱平法施工图如图 4-1 所示。

3. 截面注写方式

（1）截面注写方式，系在柱平面布置图的柱截面上，分别在同一编号的柱中选择一个截面，以直接注写截面尺寸和配筋具体数值的方式来表达柱平法施工图。

（2）对除芯柱之外的所有柱截面按"2"中（2）第 1）款的规定进行编号，从相同编号的柱中选择一个截面，按另一种比例原位放大绘制柱截面配筋图，并在各配筋图上继其编号后再注写截面尺寸 $b \times h$、角筋或全部纵筋（当纵筋采用一种直径且能够图示清楚时）、箍筋的具体数值，以及在柱截面配筋图上标注柱截面与轴线关系 b_1、b_2、h_1、h_2 的具体数值。

当纵筋采用两种直径时，需再注写截面各边中部筋的具体数值（对于采用对称配筋的矩形截面柱，可仅在一侧注写中部筋，对称边省略不注）。

当在某些框架柱的一定高度范围内，在其内部的中心位设置芯柱时．首先按"2"中（2）第 1）款的规定进行编号，继其编号之后注写芯柱的起止标高、全部纵筋及箍筋的具体数值，芯柱截面尺寸按构造确定并按标准构造详图施工，设计不注；当设计者采用与本构造详图不同的做法时，应另行注明。芯柱定位随框架柱，不需要注写其与轴线的几何关系。

（3）在截面注写方式中，如柱的分段截面尺寸和配筋均相同，仅截面与轴线的关系不同时，可将其编为同一柱号。但此时，应在未画配筋的柱截面上注写该柱截面与轴线关系的具体尺寸。

（4）采用截面注写方式表达的柱平法施工图示例见图 4-2。

4. 其他

当按"2"中（1）条规定绘制柱平面布置图时，如果局部区域发生重叠、过挤现象，可在该区域采用另外一种比例绘制予以消除。

4.1.2 框架柱构件纵筋计算

框架柱构件纵筋的具体算法，如图 4-3 所示。

1. 柱子基础插筋长度计算

由于柱子纵筋不能够在同一位置搭接，基础插筋分为较低插筋和较高插筋两种情况，无论是较低插筋还是较高插筋均有弯折，因此基础插筋可以分为插筋弯折计算、较低插筋长度计算和较高插筋长度计算三种情况来考虑（图 4-4）。

（1）插筋弯折长度计算。首先，来看柱纵向钢筋在基础中的构造，如图 4-5 所示。

1）当 $h_j > l_{aE}(l_a)$ 时，插筋弯折长度 $a = \max(6d, 150)$；

2）当 $h_j \leqslant l_{aE}(l_a)$ 时，插筋弯折长度 $a = 15d$。

（2）较低插筋长度计算。KZ 纵向钢筋连接构造如图 4-6 所示。

1）当基础为嵌固端时：

$$较低插筋长度＝底层净高\ H_{n底}/3＋h_j－c_底＋弯折长度\ a$$

2）当基础为非嵌固端时：

$$较低插筋长度＝\max(底层净高\ H_{n底}/6,柱截面大边尺寸\ h_c,500)＋h_j－c_底＋弯折长度\ a$$

（3）较高插筋长度计算

$$较高插筋长度＝较低插筋长度＋搭接错开长度＝35d＋\max(500,35d)$$

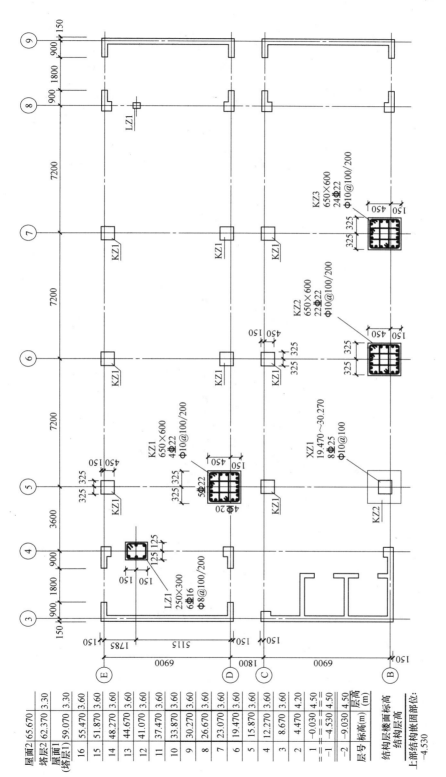

图 4-2 19.470～37.470m 柱平法施工图（局部）

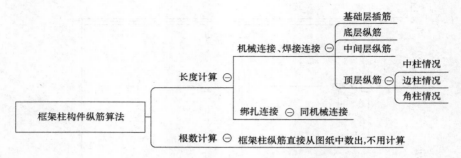

图 4-3　框架柱构件纵筋的具体算法

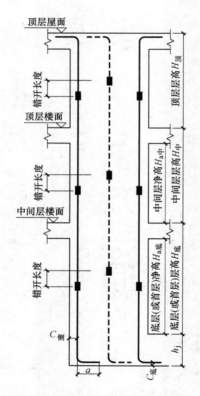

图 4-4　基础插筋计算算法示意图

2. 柱子底层纵筋长度计算

（1）底层较低纵筋长度计算

$$底层较低纵筋长度＝底层结构层高 H_底－底层非连接区＋$$
$$上层非连接区 \max(底层净高 H_{n底}/6，柱截面大边尺寸 h_c，500)$$

（2）底层较高纵筋长度计算

底层较高纵筋长度计算＝底层较低纵筋长度－底层搭接错开长度＋上层搭接错开长度

1）底层搭接错开长度：

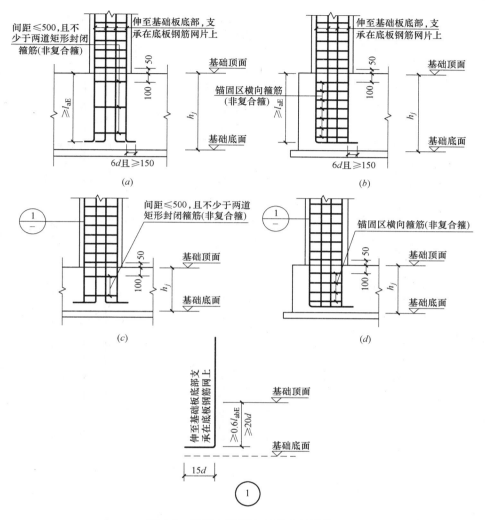

图 4-5 柱纵向钢筋在基础中的构造

（a）保护层厚度＞5d；基础高度满足直锚；（b）保护层厚度≤5d；基础高度满足直锚；

（c）保护层厚度＞5d；基础高度不满足直锚；（d）保护层厚度≤5d；基础高度不满足直锚

h_j——基础底面至基础顶面的高度；d——柱纵筋直径

$$搭接错开长度（机械连接）＝35d_底$$

$$搭接错开长度（焊接连接）＝\max(500,35d_底)$$

2）上层搭接错开长度：

$$搭接错开长度（机械连接）＝35d_上$$

$$搭接错开长度（焊接连接）＝\max(500,35d_上)$$

3. 柱子中间层纵筋长度计算

（1）中间层较低纵筋长度计算

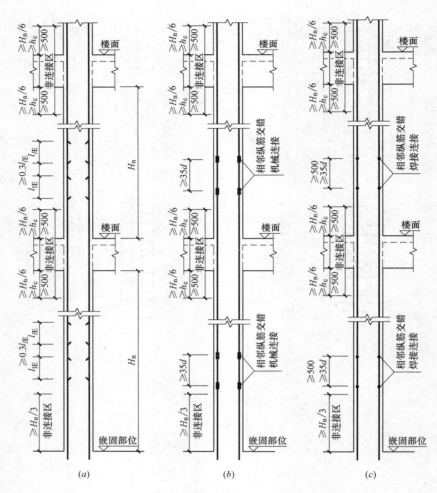

图 4-6　KZ 纵向钢筋连接构造

（a）绑扎搭接；（b）机械连接；（c）焊接连接

$$中间层较低纵筋长度＝中间层结构层高 H_中－$$

$$中间层非连接区 \max(H_中/6,h_c,500)＋上层非连接区(H_{n上}/6,h_c,500)$$

（2）中间层较高纵筋长度计算

$$中间层较高纵筋长度＝中间层较低纵筋长度－中间层搭接错开长度＋上层搭接错开长度$$

1）中间层搭接错开长度

$$搭接错开长度（机械连接）＝35d_中$$

$$搭接错开长度（焊接连接）＝\max(500,35d_中)$$

2）上层搭接错开长度

$$搭接错开长度（机械连接）＝35d_上$$

$$搭接错开长度（焊接连接）＝\max(500,35d_上)$$

4. 柱子顶层纵筋长度计算

KZ 边柱和角柱柱顶纵向钢筋构造，如图 4-7 所示。

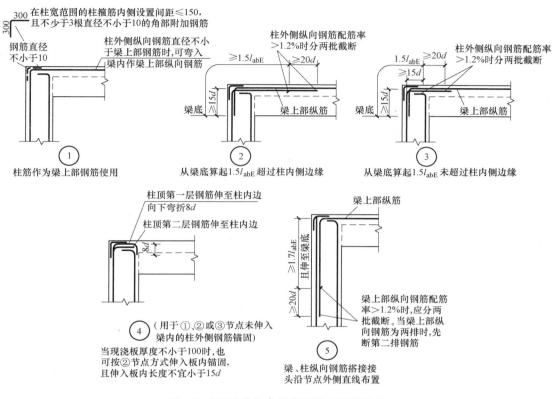

图 4-7 KZ 边柱和角柱柱顶纵向钢筋构造

KZ 中柱柱顶纵向钢筋构造，如图 4-8 所示。

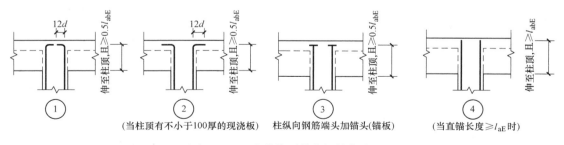

图 4-8 KZ 中柱柱顶纵向钢筋构造

（1）中柱纵筋弯锚长度计算

1）中柱较低纵筋弯锚长度计算

中柱较低纵筋弯锚长度＝顶层结构层高－顶层非连接区长度－顶层构件高度 h_b＋锚入构件内的长度

$$顶层非连接区长度＝\max(H_{顶}/6,h_c,500)$$

锚入构件内的长度＝h_b－保护层厚度c＋$12d$

2）中柱较高纵筋弯锚长度计算

中柱较高纵筋弯锚长度＝较低纵筋长度－顶层搭接错开长度

搭接错开长度（机械连接）＝$35d_顶$

搭接错开长度（焊接连接）＝$\max(500,35d_顶)$

（2）中柱纵筋直锚长度计算

1）中柱较低纵筋直锚长度计算

中柱较低纵筋直锚长度＝顶层结构层高－顶层非连接区长度－

顶层构件高度h_b＋上层搭接错开长度

顶层非连接区长度＝$\max(H_顶/6,h_c,500)$

2）中柱较高纵筋直锚长度计算

中柱较高纵筋直锚长度＝较低纵筋长度－顶层搭接错开长度

搭接错开长度（机械连接）＝$35d_顶$

搭接错开长度（焊接连接）＝$\max(500,35d_顶)$

（3）边角柱外侧筋长度计算。顶层边角柱纵筋没有直锚情况，只有弯锚情况。

1）边角柱较低纵筋弯锚长度计算

边角柱较低纵筋弯锚长度＝顶层结构层高－顶层非连接区长度－

顶层构件高度h_b＋锚入构件内的长度$1.5l_{abE}$

顶层非连接区长度＝$\max(H_顶/6,h_c,500)$

2）边角柱较高纵筋弯锚长度计算

边角柱较高纵筋弯锚长度＝较低纵筋长度－顶层搭接错开长度

搭接错开长度（机械连接）＝$35d_顶$

搭接错开长度（焊接连接）＝$\max(500,35d_顶)$

4.1.3　框架柱构件箍筋计算

框架柱构件箍筋的具体算法，如图4-9所示。

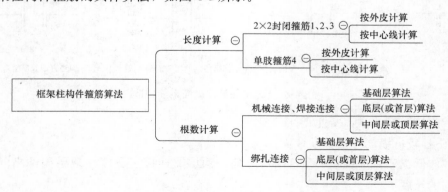

图4-9　框架柱构件箍筋的具体算法

封闭箍筋及拉筋弯钩构造，如图 4-10 所示。

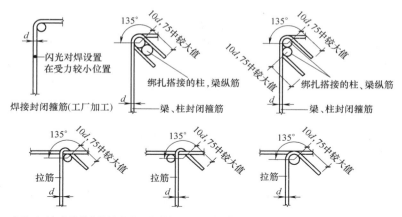

图 4-10　封闭箍筋及拉筋弯钩构造

非框架梁以及不考虑地震作用的悬挑梁，箍筋及拉筋弯钩平直段长度可为 $5d$；当其受扭时，应为 $10d$。

（1）框架柱复合箍筋的设置。首先，先来了解一下矩形箍筋的复合方式，如图 4-11 所示，列出了矩形箍筋的复合方式。

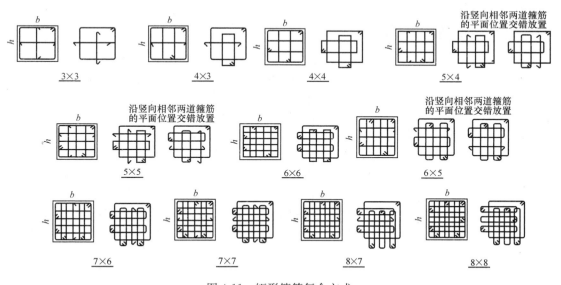

图 4-11　矩形箍筋复合方式

根据构造的要求，当柱截面的短边尺寸大于 400mm 且各边纵向钢筋多于 3 根时，或当截面的短边尺寸不大于 400mm，但各边纵向钢筋多于 4 根时，应设置复合箍筋。设置复合箍筋应当遵循下列原则：

1）要满足"大箍套小箍"的原则。矩形柱的箍筋均采用"大箍套小箍"的方式。如果是偶数肢数，就用几个两肢"小箍"来组合；如果是奇数肢数，就用几个两肢"小箍"加上一个"拉筋"来组合。

2）内箍或拉筋的设置要满足"隔一拉一"的原则。在设置内箍的肢或拉筋时，要满足对柱纵筋至少"隔一拉一"的要求。也就是说，不允许存在两根相邻的柱纵筋同时没有钩住箍筋的肢或拉筋的现象。

3）要满足"对称性"的原则。柱 b 边上箍筋的肢或拉筋，均应在 b 边上对称分布。同时，柱 h 边上箍筋的肢或拉筋，均应在 h 边上对称分布。

4）要满足"内箍水平段最短"原则。在考虑内箍布置方案时，要使内箍的水平段尽量的最短。其目的是使内箍与外箍重合的长度为最短。

5）内箍要尽量做成标准格式。当柱复合箍筋存在多个内箍时，只要条件许可，这些内箍都应尽量做成标准的格式，即"等宽度"的形式，这样便于施工。

（2）框架柱复合箍筋长度计算。计算柱箍筋长度通常包括两种方法，按照中心线计算或按照外皮计算。

1）按照中心线计算箍筋长度。按照 16G101-1 的规定计算箍筋长度，如图 4-12 所示。

$$箍筋长度 = (b-2c-d/2\times2)\times2+(h-2c-d/2\times2)\times2+1.9d\times2+\max(10d,75\text{mm})\times2$$
$$= (b-2c-d)\times2+(h-2c-d)\times2+1.9d\times2+\max(10d,75\text{mm})\times2$$
$$= 2b-4c+2h-4c-4d+1.9d\times2+\max(10d,75\text{mm})\times2$$
$$= 2(b+h)-8c-4d+1.9d\times2+\max(10d,75\text{mm})\times2$$

式中　c——保护层厚度，mm；

　　　d——箍筋直径，mm。

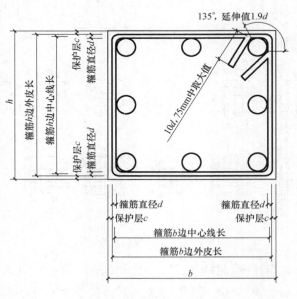

图 4-12　箍筋构造

2）按照外皮计算箍筋长度。按照 16G101-1 的规定进行计算，如图 4-12 所示。

$$箍筋长度=(b-2c)\times2+(h-2c)\times2+1.9d\times2+\max(10d,75\text{mm})\times2$$
$$=2\times b-4\times c+2h-4\times c+1.9d\times2+\max(10d,75\text{mm})\times2$$
$$=2\times(b+h)-8c+1.9d\times2+\max(10d,75\text{mm})\times2$$

式中　　c——保护层厚度，mm；

　　　　d——箍筋直径，mm。

（3）框架柱复合箍筋根数计算。基础箍筋根数一般是按2根（或3根）进行计算，如果图中给出则按图计算；如果图中没有给出，一般按下式计算：

$$基础箍筋根数=(基础高度-保护层厚度)/间距-1$$
$$箍筋根数=加密区根数+非加密区根数$$
$$加密区根数=加密区高度/加密区间距+1$$
$$非加密区根数=层高-加密区高度/非加密区间距-1$$

4.1.4　柱构件钢筋工程量清单实例

【例4-1】　某中柱KZ1平法施工图如图4-13所示，其结构层标高及层高见表4-2，混凝土强度等级为C30，抗震等级为一级，柱保护层厚度为30mm，基础保护层厚度为40mm。试计算其钢筋工程量，并编制工程量清单表。

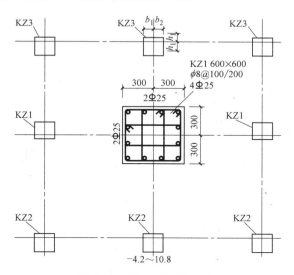

图4-13　KZ1平法施工图

结构层标高及层高（m）　　　　　　　　　　表4-2

层号	顶标高	层高	顶梁高
3	11.400	3.600	750
2	7.800	3.600	750
1	4.200	4.200	750
−1	±0.000	4.200	750
筏形基础	−4.200	基础厚850mm	750

【解】

Φ8 钢筋单位理论质量为：0.395kg/m；

Φ25 钢筋单位理论质量为：3.853kg/m。

1. 纵筋计算

（1）基础内插筋Φ25 计算

筏形基础厚 $h=850<2000$，柱纵筋底部深入基础底板弯折 a。

基础内竖直长度 $850-40=810>0.8l_{aE}(0.8\times34\times25)$，因此，$a=\max(6d,150)=150$mm

筏形基础顶面非连接区高度 $=\max(H_n/6,h_c,500)=\max[(4200-750)/6,600,500]=600$mm

基础内插筋（低位）$=800-40+\max(H_n/6,h_c,500)+150=850-40+600+150=1560$mm

基础内插筋（高位）$=800-40+\max(H_n/6,h_c,500)+150+35d$

$$=850-40+600+150+35\times25=2435\text{mm}$$

（2）−1 层纵筋计算

伸出地下室顶面的非连接区高度 $=H_n/3=(4200-750)/3=1150$mm

−1 层纵筋长度（低位）$=4200-600+1150=4750$mm

−1 层纵筋长度（高位）$=4200-600-35d+1150+35d=4750$mm

（3）第 1 层纵筋计算

伸入 2 层的非连接区高度 $=\max(H_n/6,h_c,500)=\max[(3600-750)/6,600,500]=600$mm

1 层纵筋长度（低位）$=4200-1150+600=3650$mm

1 层纵筋长度（高位）$=4200-1150-35d+600+35d=3650$mm

（4）第 2 层纵筋计算

伸入 3 层的非连接区高度 $=\max(H_n/6,h_c,500)=\max[(3600-750)/6,600,500]=600$mm

2 层纵筋长度（低位）$=3600-600+600=3600$mm

2 层纵筋长度（高位）$=3600-600-35d+600+35d=3600$mm

（5）第 3 层（顶层）纵筋计算

屋面框架梁高度 $750<l_{aE}=34\times25=850$，因此，柱顶钢筋伸至顶部混凝土保护层位置，弯折 $12d$。

3 层纵筋长度（低位）$=3600-600-30+12\times25=3270$mm

3 层纵筋长度（高位）$=3600-600-35\times25-30+12\times25=2395$mm

小计：纵筋长度（低位）$=1560+4750+3650+3600+3270=16830$mm

纵筋长度（高位）$=2435+4750+3650+3600+2395=16830$mm

两者总长度相同，因此今后在预算中不考虑错位搭接的问题。

纵筋长度＝屋顶梁底标高＋基础底标高（负值的绝对值）−基础保护层−柱顶保护层＋下弯折长＋锚固长＋搭接长$=11400+(4200+850)-40-30+150+12d+0=16830$mm

2. 箍筋Φ8@100/200 计算

（1）外大箍筋长度计算

外大箍筋长度$=2\times[(600-2\times30)+(600-2\times30)]+2\times11.9\times8=2351$mm

纵向里小箍筋长度$=2\times[(600-2\times30-25)/3+25+(600-2\times30)]+2\times11.9\times8$
$=1664mm$

横向里小箍筋长度$=2\times[(600-2\times30-25)/3+25+(600-2\times30)]+2\times11.9\times8$
$=1664mm$

（2）箍筋根数计算

筏形基础内，两根矩形封闭箍

下端加密区根数$=(600-50)/100+1=7$根

上端加密区根数$=(750+600-50)/100+1=14$根

中间非加密区根数$=(4200-600-750-600)/200-1=11$根

1层箍筋根数：$7+14+11=32$根

下端加密区根数$=(1150-50)/100+1=12$根

下端加密区根数$=(750+600-50)/100+1=14$根

中间非加密区根数$=(4200-1150-750-600)/200-1=8$根

1层箍筋根数：$12+14+8=34$根

说明：1层下端非连接高度为1150，上端非连接高度为梁高$750+\max(h, h_n/6, h_c, 500)$

下端加密区根数$=(600-50)/100+1=7$根

上端加密区根数$=(750+600-50)/100+1=14$根

中间非加密区根数$=(3600-600-750-600)/200-1=8$根

2层箍筋根数：$7+14+8=29$根

2、3层箍筋根数相同。

3. 钢筋工程量计算

$\Phi25$钢筋工程量$=16.83\times12$根$\times3.853=0.778$t

$\Phi8$钢筋工程量$=2.351\times2+(2.351+1.664)\times(32+34+29+29)$根$\times0.395=0.201$t

分部分项工程量清单见表4-3。

分部分项工程量清单　　　　　　　　　　　　　　　　表4-3

序号	项目编码	项目名称	项目特征	计量单位	工程量
1	010515001001	现浇构件钢筋	$\Phi8$	t	0.201
2	010515001002	现浇构件钢筋	$\Phi25$	t	0.778

【例4-2】某现浇钢筋混凝土圆柱的配筋如图4-14所示，试计算其钢筋工程量，并编制工程量清单。

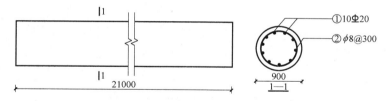

图4-14　某现浇钢筋混凝土圆柱配筋示意图

【解】

1. 工程量计算

Φ8 钢筋单位理论质量为：0.395kg/m

Φ20 钢筋单位理论质量为：2.466kg/m

① 号钢筋Φ20：20×10×2.466＝493.2kg＝0.493t

② 号钢筋Φ8：$\left(\dfrac{21000}{300}+1\right)×3.14×0.9×0.395＝79.26kg＝0.079t$

2. 工程量清单编制

分部分项工程量清单见表 4-4。

分部分项工程量清单　　　　　　　　　　　　　　表 4-4

序号	项目编码	项目名称	项目特征	计量单位	工程量
1	010515004001	钢筋笼	Φ8	t	0.079
2	010515004002	钢筋笼	Φ20	t	0.493

需要注意的是：本题中的现浇钢筋混凝土圆桩，其钢筋虽然看似为现浇混凝土钢筋，但是不能套用现浇构件钢筋的项目编码（010515001），应该用项目编码 010515004 钢筋笼这一清单，此处读者应加以注意。

【例 4-3】 某工程柱平面布置图（局部）如图 4-15 所示，其框架柱配筋表见表 4-5，结构层标高见表 4-6，试计算图中①～⑦轴 KZ-4 的钢筋工程量。

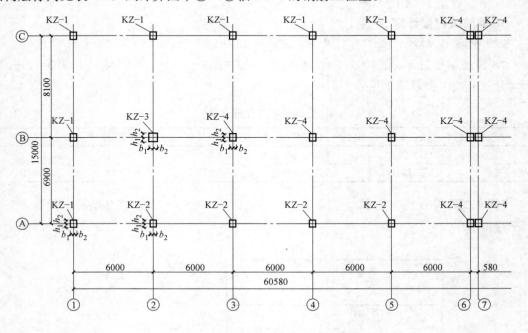

图 4-15　某工程柱平面布置图（局部）

框架柱配筋   表 4-5

柱号	标高	$b \times h$	b_1	b_2	h_1	h_2	角筋	b 边一侧中部筋	h 边一侧中部筋	箍筋类型号	箍筋
KZ-1	−6.850～3.560	500×600	250	250	300	300	4Φ25	2Φ25	2Φ25	1(4×4)	Φ8@100/200
	3.560～11.200	500×600	250	250	300	300	4Φ25	2Φ20	2Φ20	1(4×4)	Φ8@100/200
KZ-2	−6.850～3.560	500×600	250	250	300	300	4Φ25	2Φ25	2Φ25	1(4×4)	Φ8@100/200
	3.560～11.200	500×600	250	250	300	300	4Φ25	2Φ18	2Φ18	1(4×4)	Φ8@100/200
KZ-3	−6.850～7.160	600×700	300	300	350	350	2Φ22	3Φ22	3Φ22	1(4×4)	Φ8@100/200
	7.160～11.200	500×600	250	250	300	300	4Φ25	2Φ22	2Φ22	1(4×4)	Φ8@100/200
KZ-4	−6.750～3.560	500×600	250	250	300	300	4Φ25	2Φ25	2Φ25	1(4×4)	Φ8@100/200
	3.560～11.200	500×600	250	250	300	300	4Φ25	2Φ20	2Φ20	1(4×4)	Φ8@100/200

结构层标高   表 4-6

屋面	11.200	
3	7.160	4.040
2	3.560	3.600
1	−1.300	4.860
−1	−6.850	5.550
层号	标高(m)	层高(m)

【解】

对于本道例题，在计算工程量时，一般按下列思路进行计算：首先，统计柱的个数；然后，分别从图纸获取各类柱的截面尺寸及柱高，按照公式"$V=$截面宽×截面高×柱高×个数×层数"，计算柱的混凝土体积。

在统计框架柱的个数时，应以图纸的轴线编号为依据，按照从左往右、从上往下的顺序依次统计，这样可以避免统计时漏算或重复计算。本题中，我们按照从①轴到⑦轴的顺序，从左往右来统计柱的个数，统计的结果以表格的形式列出，见表 4-7。

KZ-4 个数统计表   表 4-7

轴线编号	个　　数	备　　注
①	0	
②	0	
③	1	
④	1	
⑤	1	
⑥	3	
⑦	3	
合计	9	

由图 4-15 可知，柱截面尺寸为 500mm×600mm；柱高＝6.75＋11.2＝17.95m

①～⑦轴 KZ-4 的工程量：$V=9\times(0.5\times0.6\times17.95)=48.465\mathrm{m}^3$

分部分项工程量清单见表 4-8。

分部分项工程量清单

表 4-8

序号	项目编码	项目名称	项目特征	计量单位	工程量
1	010502001001	矩形柱	混凝土强度等级 C30	m³	48.465

该清单编制过程中，我们仅计算了混凝土的体积，钢筋、模板等工程量没有计算。按照清单计价规范，钢筋应另有清单项目编码，此处不做详述；模板的费用应当在措施费中，一般在编制措施项目清单时出现。不过，在实际工作中，为了提高工作效率、避免反复翻阅图纸，建议在计算混凝土构件的混凝土体积时，应当将混凝土构件中钢筋工程量、模板工程量都计算完毕，这样便于快速计价。

【例 4-4】 某建筑物为砖混结构，层高为 3.000m，檐口高度为 15m，建筑抗震设防烈度为 7 度。梁、板混凝土强度等级为 C25，构造柱、圈梁混凝土强度等级为 C25。梁受力钢筋的保护层厚度为 25mm，板受力钢筋的保护层厚度为 15mm，构造柱受力钢筋的保护层厚度为 25mm，圈梁受力钢筋的保护层厚度为 20mm。圈梁高度为 300mm，构造柱 GZ1 如图 4-16 所示，梁、板、柱受力钢筋的接头长度见表 4-9。试计算构造柱 GZ1 钢筋工程量，并编制工程量清单。

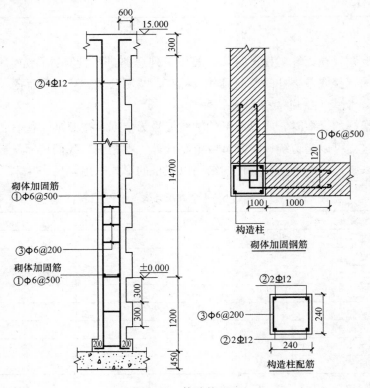

图 4-16 构造柱 GZ1

钢筋锚固、搭接长度表　　　　　　　　表 4-9

	最小锚固长度(不应小于250mm)		最小搭接长度(不应小于300mm)	
钢筋类别	C20	C25	C20	C25
HPB300	$31d$	$27d$	$37d(43d)$	$33d(37d)$
HRB335	$39d$	$33d$	$47d(55d)$	$40d(46d)$

说明：括号内数字用于钢筋搭接接头面积百分率≤50%时。

【解】

Φ6 钢筋单位理论质量为：0.222kg/m

Φ12 钢筋单位理论质量为：0.888kg/m

1. 砌体加固筋工程量计算

Φ6 钢筋长度＝1.1×2＋0.12＋6.25×2×0.006＝2.4m

Φ6 钢筋根数＝[(3－0.3)/0.5＋1]×5×2＝70 根

Φ6 钢筋工程量＝2.4×70×0.222＝37.30kg＝0.037t

2. 基础层纵筋工程量计算

Φ12 钢筋长度＝0.2＋1.2－0.04＋5×40×0.012＝3.76m

Φ12 钢筋根数＝4 根

Φ12 钢筋工程量＝3.76×4×0.888＝13.36kg＝0.013t

3. 首层纵筋工程量计算

Φ12 钢筋长度＝3＋40×0.012＝3.48m

Φ12 钢筋根数＝4 根

Φ12 钢筋工程量＝3.48×4×0.888＝12.36kg＝0.012t

4. 2～5 层纵筋工程量计算

Φ12 钢筋长度＝(3＋40×0.012)×4＝13.92m

Φ12 钢筋根数＝4 根

Φ12 钢筋工程量＝13.92×4×0.888＝49.44kg＝0.049t

5. 箍筋工程量计算

Φ6 钢筋长度＝2×(0.24＋0.24)－8×0.03＋1.9×0.006×2＋max(10×0.006,0.075)×2
　　　　＝0.892

Φ6 钢筋根数＝(1.2＋3.0×5)÷0.2＋(0.5＋1.3×4＋0.8)÷0.2＋5＝119 根

Φ6 钢筋工程量＝0.892×119×0.222＝23.56kg＝0.024t

Φ6 钢筋总工程量＝0.037＋0.024＝0.061t

Φ12 钢筋总工程量＝0.013＋0.012＋0.049＝0.074t

6. 工程量清单编制

分部分项工程量清单见表 4-10。

分部分项工程量清单　　　　　　　　表 4-10

序号	项目编码	项目名称	项目特征	计量单位	工程量
1	010515001001	现浇构件钢筋	Φ6	t	0.061
2	010515001002	现浇构件钢筋	Φ12	t	0.074

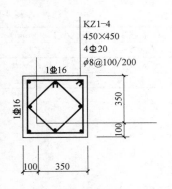

图 4-17 某工程混凝土施工图
（标高：-6.850~11.200m）

【例 4-5】 某混凝土工程框架角柱配筋如图 4-17 所示，此工程混凝土强度等级 C30；一类环境；建筑物抗震设防类别乙类，抗震设防烈度 6 度；框架梁高 300mm×450mm；本工程地下二层、地上三层；地下一层、二层层高 3m，地上一层层高 4.2m，二、三层层高 3.5m；该柱与基础构造的做法详见图 4-18。试计算其钢筋工程量，并编制该构件钢筋工程量清单。

【解】

从图 4-18 可知，该构件需要计算两种钢筋的工程量：纵向钢筋和箍筋。

1. 纵向钢筋计量

该混凝土柱纵向钢筋配置是：4⏀20 角筋，4⏀16 中筋。

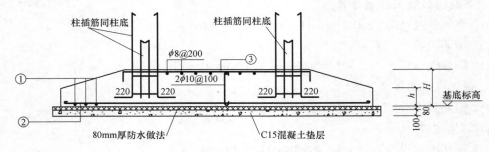

图 4-18 框架柱纵筋与基础的连接

（1）4⏀20 角筋工程量。框架柱钢筋在柱顶是有构造要求的，一般根据设计者指定的类型选用。当未指定类型时，施工人员根据具体情况自主选用。选择柱顶纵向钢筋构造做法，如图 4-19、图 4-20 所示，详细说明参见图集 16G101-1 第 67 页。

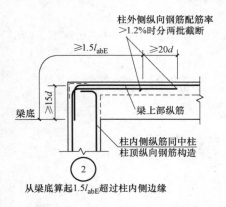

图 4-19 角柱柱顶纵向钢筋构造

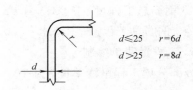

图 4-20 节点纵向钢筋弯折要求

两根柱外侧钢筋伸入梁内 $1.5l_{abE}$，l_{abE} 取 $31d$，即 $31×20=620$mm；两根柱内侧钢筋因为不满足锚固长度 620mm，因此要弯入梁内 $12d$，即 $12×20=240$mm；保护层厚度取

20mm。柱纵筋与基础连接处增加 220mm。

$$4\Phi20\ \text{角筋长度}\ L = 2\times(11200+6850-2\times20+1.5l_{abE}+220)+2\times$$
$$(11200+6850-2\times20+12d+220)$$
$$=2\times(1120+6850-40+1.5\times620+220)+2\times$$
$$(11200+6850-40+240+220)$$
$$=2\times19160+2\times18470$$
$$=75260\text{mm}$$
$$=75.3\text{m}$$

$4\Phi20$ 角筋工程量$=75.3\times2.466\text{kg/m}=185.69\text{kg}=0.185\text{t}$

（2）$4\Phi16$ 中筋工程量。根据上述计算 $4\Phi20$ 纵筋时所确定的构造，1 根外侧钢筋伸入梁内 $1.5l_{abE}$，l_{abE} 取 $37d$，即 $37\times16=592\text{mm}$；其余 3 根锚入柱内 $12d$，即 $12\times16=192\text{mm}$。

$$4\Phi16\ \text{中筋的长度}\ L = 1\times(11200+6850-2\times20+1.5l_{abE}+220)+3\times(11200+$$
$$6850-2\times20+12d+220)$$
$$=1\times(11200+6850-2\times20+1.5l_{abE}+220)+3\times(11200+$$
$$6850-2\times20+12d+220)$$
$$=1\times19118+3\times18422$$
$$=74384\text{mm}$$
$$=74.384\text{m}$$

$4\Phi16$ 中筋工程量$=1.578\text{kg/m}\times74.384\text{m}=117.38\text{kg}=0.117\text{t}$（小数点取三位）

2. 箍筋计量

$$\text{箍筋的计量}=\text{箍筋的根数}\times\text{单根箍筋长度}$$

（1）箍筋根数的计算

1）基础内箍筋。基础内箍筋（图 4-21）仅起一个稳固的作用；也可以说，是防止钢筋在浇筑时受到扰动。通常按两根进行计算。

2）柱箍筋。16G101-1 图集给出了抗震框架柱箍筋加密区范围，如图 4-22 所示。

框架柱 KZ 中间层的箍筋根数＝加密区长度/加密区间距＋非加密区长度/非加密区间距＋1

16G101-1 图集中关于柱箍筋的加密区（图 4-22）的规定如下：

首层柱箍筋的加密区有三个，分别是：下部的箍筋加密区长度取 $H_n/3$；上部取 max [500mm，柱长边尺寸（圆柱直径），$H_n/6$]。

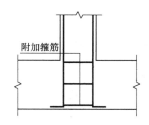

图 4-21　基础内箍筋

首层以上柱箍筋分别是：

上、下部的箍筋加密区长度均取 max [500mm，柱长边尺寸（图标直径），$H_n/6$]；其中，H_n 是指柱净高，即层高－梁高。

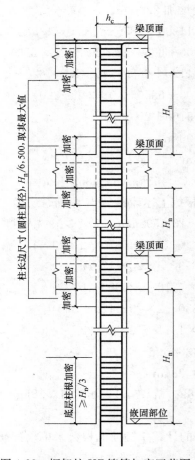

图 4-22 框架柱 KZ 箍筋加密区范围

关于箍筋加密问题，也可以参照表 4-11。

柱箍筋加密区长度取值   表 4-11

序号	层数	柱上端加密区(mm)	柱下端加密区(mm)	柱非加密区长度(mm)
1	地下二层	500	500	1550
2	地下一层	500	500	1550
3	地下一层	1250	500	2000
4	地下二层	510	510	2030
5	地下二层	510	510	2030
合计(mm)		5790		9160

注：柱非加密区长度=柱净长−柱上下端加密区长度。

本题柱箍筋的根数＝2＋(5790/100)＋(9160/200)＋1＝2＋57.9＋45.8＋1＝106.7
＝107 根

（2）单根箍筋长度

由公式：

外箍长度＝$(B-2c+d_0)\times4+2$个弯钩增加长度（B为柱高，c为保护层厚度，d_0为箍筋直径）

内箍长度＝$[(B-2c)\times\sqrt{2}/2+d_0]\times4+2$个弯钩增加长度，得：

单根箍筋长度L（钢筋弯钩取$10d$，即80mm）：

$$L=[(450-2\times30+8)\times4+2\times80]+\{[(450-2\times30)\times\sqrt{2}/2+8]\times4+2\times80\}$$
$$=1752+1294.92=3046.92\text{mm}=3.047\text{m}$$

箍筋的工程量$G=107$根$\times3.047\text{m}\times0.395\text{kg/m}=128.78\text{kg}=0.129\text{t}$

分部分项工程量清单见表4-12。

分部分项工程量清单　　　　　　　　　　　　　　　　　表 4-12

序号	项目编码	项目名称	项目特征	计量单位	工程量
1	010515001001	现浇构件钢筋	HRB335 级 $d=20\text{mm}$	t	0.185
2	010515001002	现浇构件钢筋	HRB400 级 $d=16\text{mm}$	t	0.117
3	010515001003	现浇构件钢筋	HPB300 级 Φ8	t	0.129

【例 4-6】　某建筑物的框架柱独立基础和基础层编号如图 4-23、图 4-24 所示，要求手工计算工程的角柱、边柱及中柱各一个，试计算其框架柱受力钢筋和箍筋的工程量。

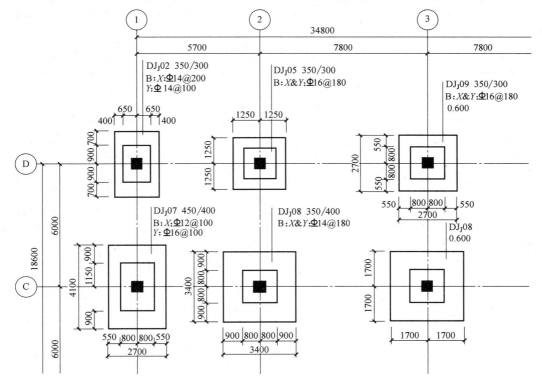

图 4-23　框架柱独立基础示意图

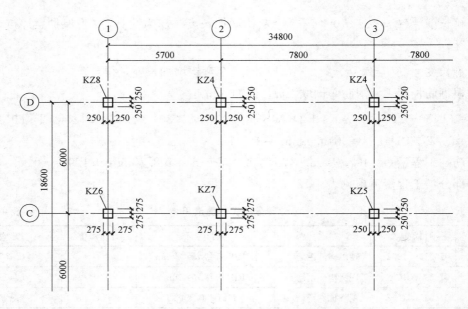

图 4-24 框架柱基础层编号示意图

【解】

计算柱钢筋工程量前，先查阅基础编号及尺寸、配筋等信息。对于框架柱，查阅施工图中框架柱对应的独立基础及柱配筋表。见表 4-13～表 4-15。

桩基础配筋表　　　　　　　　　　　　　　　　表 4-13

基础编号	基础尺寸							配筋		
	A	B	H	A_1	B_1	h_1	h_2	①	②	③
J-2	3200	2100	650	1800	1300	350	300	Φ14@100	Φ14@200	3 肢同柱箍筋
J-5	2500	2500	650	1500	1500	350	300	Φ16@180	Φ16@180	3 肢同柱箍筋
J-8	3400	3400	750	2000	2000	350	400	Φ14@100	Φ14@100	3 肢同柱箍筋

框架柱配筋表　　　　　　　　　　　　　　　　表 4-14

柱号	标高/m	$b \times h$	全部纵筋	角筋	b 边一侧中部筋	h 边一侧中部筋	箍筋类型号	箍筋
KZ4	基础顶面～−0.200	500×500	12Φ18	—	—	—	1(4×4)	Φ10@100/200
	−0.200～14.450	500×500	12Φ18	—	—	—	1(4×4)	Φ8@100/200
KZ5	基础顶面～3.650	500×500	—	4Φ20	2Φ18	2Φ18	1(4×4)	Φ10@100/200
	3.650～14.450	500×500	12Φ18	—	—	—	1(4×4)	Φ8@100/200
KZ8	基础顶面～3.650	500×500	—	4Φ22	2Φ20	2Φ20	1(4×4)	Φ8@100/200
	3.650～14.450	500×500	—	4Φ22	2Φ18	2Φ18	1(4×4)	Φ8@100/200

结构层标高及层高   表 4-15

层号	标高(m)	层高(m)
楼梯间屋面层	17.450	—
屋面层	14.450	3.000
四层	10.850	3.600
三层	7.250	3.600
二层	3.650	3.600
一层	−0.200	3.850

1. 计算 J-2 插筋及 KZ8 纵筋工程量

(1) J-2 基础插筋长度

H_n＝5.00−0.20−0.65(基础高)−0.50(梁高)＝3.65m

由于 650−40≥$0.8l_{aE}$，所以 a＝max($6d$，150mm)＝150mm

长度＝[水平弯折长度 a＋(基础高度−保护层)＋$H_n/3$]×根数

4Φ22 钢筋长度＝[0.15＋(0.65−0.04)＋3.65/3]×4＝7.92m

8Φ20 钢筋长度＝[0.15＋(0.65−0.04)＋3.65/3]×8＝15.84m

(2) KZ8 的柱纵筋

1) 基础顶面——第二层

二层：$H_n/6$＝(3.6−0.6)/6＝0.5m

中部纵筋长度＝(基础层＋一层高−基础层非连接区 $H_n/3$＋二层非连接区 $H_n/6$)×根数

8Φ20 钢筋长度＝(3.65＋3.85−3.65/3＋0.50)×8＝54.267m

2) 第二层——屋面

中部纵筋长度 1＝(二层~顶层层高−二层非连接区 $H_n/6$−顶层梁高＋$1.5l_{aE}$)×根数

中部纵筋长度 2＝(二层~顶层层高−二层非连接区 $H_n/6$−保护层＋$12d$)×根数

二层：$H_n/6$＝0.5m，顶层梁高 H＝600mm

4Φ18 钢筋长度＝(14.45−3.65−0.50−0.60＋1.5×31×0.018)×4＝42.148m

4Φ18 钢筋长度＝(14.45−3.65−0.50−0.03＋12×0.018)×4＝41.944m

3) 基础顶面——屋面

3Φ22 钢筋长度＝(14.45＋5.00−0.65−3.65/3−0.60＋1.5×31×0.022)×3＝54.018m

1Φ22 钢筋长度＝(14.45＋5.00−0.65−3.65/3−0.03＋12×0.022)×1＝17.817m

KZ8 柱中Φ22 的工程量＝(7.92＋54.018＋17.817)×2.984＝237.99kg＝0.238t

KZ8 柱中Φ20 的工程量＝(15.84＋54.267)×2.466＝172.88kg＝0.173t

KZ8 柱中Φ18 的工程量＝(42.148＋41.944)×1.998＝168.016kg＝0.168t

2. KZ8 箍筋Φ8 工程量

(1) 基础顶面~3.650m，箍筋长度

外箍筋长度＝0.50×4−0.03×8＋4×0.008＋11.9×0.008×2＝1.982m

内箍筋长度＝[(0.50−0.03×2−0.022)/3＋0.02]×2＋(0.5−0.06)×2＋

$$4×0.008＋11.9×0.008×2＝1.421m$$

外箍筋＋内箍筋×2＝1.982＋1.421×2＝4.824m

（2）3.650～14.450m，Φ8 箍筋长度

外箍筋长度＝0.50×4－0.03×8＋4×0.008＋11.9×0.008×2＝1.982m

内箍筋长度＝[（0.50－0.03×2－0.022）/3＋0.018]×2＋（0.5－0.06）×2＋

$$27.8×0.008＝1.417m$$

外箍筋＋内箍筋×2＝1.982＋1.417×2＝4.816m

箍筋根数：基础插筋两根非复合箍

（3）Φ8 箍筋数量

基础层：$H_n＝5.00－0.20－0.65－0.50＝3.65m$

下部加密区：3.65/3÷0.10＋1＝14 根

上部加密区：[max（3.65/6,0.5,0.5）＋0.50]/0.10＋1＝13 根

中部非加密区：[3.65－3.65/3－max（3.65/6,0.5,0.5）]÷0.20－1＝9 根

下部加密区：3.25/6÷0.10＋1＝7 根

下部加密区：$max（H_n/6,0.5,H_c）÷0.10＋1＝6$ 根

上部加密区：$[max（H_n/6,0.5,H_c）＋0.60]÷0.10＋1＝12$ 根

中部非加密区：（3.25－3.15/6×2）÷0.20－1＝10 根

第二层和第三层：$H_n＝3.60－0.60＝3m$

下部加密区：3.00/6÷0.10＋1＝6 根

上部加密区：（3.00/6＋0.6）÷0.10＋1＝12 根

中部非加密区：（3.00－3.00/6×2）÷0.20－1＝9 根

第四层：$H_n＝3.00－0.60＝2.400m$

下部加密区：$max（H_n/6,500,h_c）÷0.10＋1＝6$ 根

上部加密区：$[max（H_n/6,500,h_c）＋0.60]÷0.10＋1＝12$ 根

中部非加密区：（2.40－0.50×2）÷0.20－1＝6 根

（4）箍筋总长度

2×1.982＋（13＋12＋8＋6＋10）×4.824＋[（6＋12＋9）×2＋6＋12＋6]×4.816＝615.99mm

箍筋工程量＝615.99×0.395＝243.32kg＝0.243t

3. 计算 J-5 插筋及 KZ4 柱纵筋的长度和质量

（1）J-5 插筋长度

12Φ18 插筋长度＝[0.15＋（0.65－0.04）＋3.65/3]×12＝23.720m

（2）KZ4 柱纵筋长度

4Φ18 纵筋长度＝（14.45＋5－0.65－3.65/3－0.6＋1.5×31×0.018）×4＝71.280m

8Φ18 纵筋长度＝（14.45＋5－0.65－3.65/3－0.03＋12×0.018）×8＝142.152m

柱中Φ18 的工程量＝（23.720＋71.28＋142.152）×1.998＝473.830kg＝0.474t

4. KZ4 箍筋工程量

(1) 基础顶面～－0.200m，Φ10 箍筋长度

外箍筋长度＝0.50×4－0.03×8＋4×0.010＋11.9×0.010×2＝2.038m

内箍筋长度＝[(0.50－0.03×2－0.018)/3＋0.018]×2＋[0.5－0.06]×2＋4×0.010＋11.9×0.010×2＝1.475m

外箍筋＋内箍筋×2＝2.038＋1.475×2＝4.988m

(2) －0.200～14.450m，Φ8 箍筋长度

外箍筋长度＝0.50×4－0.03×8＋4×0.008＋11.9×0.008×2＝1.982m

内箍筋长度＝[(0.50－0.03×2－0.018)/3＋0.018]×2＋[0.5－0.06]×2＋4×0.008＋11.9×0.008×2＝1.420m

外箍筋＋内箍筋×2＝1.982＋1.420×2＝4.822m

由于 J-5 基础深度同 J-2 相同，KZ4 和 KZ8 截面尺寸及梁高相同，所以箍筋根数与 KZ8 相同。

(3) Φ8 箍筋总长度

Φ8 箍筋总长度＝2×2.038＋(14＋13＋9)×4.988＝183.644m

(4) Φ10 箍筋总长度：

Φ10 箍筋总长度＝[6＋12＋10＋(6＋12＋9)×2＋6＋12＋6]×4.822＝511.132m

(5) KZ4 箍筋总工程量

工程量＝183.644×0.617＋511.132×0.395＝315.21kg＝0.315t

5. 计算 J-8 插筋及 KZ5 纵筋工程量

(1) J-8 插筋工程量

基础插筋 H_n＝4.4－0.2－0.75(基础高)－0.5(梁高)＝2.95m

4Φ20：(0.15＋0.75－0.04＋2.95/3)×4＝7.373m

8Φ18：(0.15＋0.75－0.04＋2.95/3)×8＝14.747m

(2) KZ5 柱主筋工程量

1) 基础顶面——第二层

4Φ20 钢筋长度＝(3.65＋4.4－0.75－2.95/3＋0.5)×4＝27.28m

8Φ18 钢筋长度＝(3.65＋4.4－0.75－2.95/3＋0.5)×8＝54.56m

2)第二层——顶层：12Φ18 钢筋长度＝(14.45－3.65－0.5－0.03＋12×0.018)×12＝125.832m

3)柱中Φ20 工程量：(7.373＋27.28)×2.466＝85.45kg＝0.085t

4)柱中Φ18 工程量：(14.747＋54.56＋125.832)×1.998＝389.89kg＝0.390t

6. KZ5 箍筋工程量

(1) 基础顶面～3.650m，Φ10 箍筋长度

1)外箍筋长度＝0.50×4－0.03×8＋4×0.010＋11.9×0.010×2＝2.038m

2)内箍筋长度＝[(0.50－0.03×2－0.018)/3＋0.018]×2＋(0.5－0.06)×2＋4×

$0.010+11.9×0.010×2=1.475m$

外箍筋+内箍筋×2=2.038+1.475×2=4.988m

(2) 3.650m～14.450m，Φ8 箍筋长度

1)外箍筋长度=$0.50×4-0.03×8+4×0.008+11.9×0.008×2=1.982m$

2)内箍筋长度=$[(0.50-0.03×2-0.018)/3+0.018]×2+(0.5-0.06)×2+4×$

$0.008+11.9×0.008×2=1.420m$

外箍筋+内箍筋×2=1.982+1.420×2=4.822m

(3) KZ5 中箍筋数量

1）基础层：

下部加密区：$2.95/3÷0.10+1=11$ 根

上部加密区：$(2.95/6+0.5)/0.10+1=11$ 根

中部非加密区：$(2.95-2.95/3-2.95/6)/0.20-1=7$ 根

2）第一层：

$H_n=3.85-0.6=3.25m$

下部加密区：$3.25/6÷0.10+1=7$ 根

上部加密区：$(3.25/6+0.60)÷0.10+1=13$ 根

中部非加密区：$(3.25-3.25/6×2)/0.20-1=10$ 根

3）第二层和第三层：

$H_n=3.60-0.60=3.00m$

下部加密区：$3.00/6÷0.10+1=6$ 根

上部加密区：$(3.00/6+0.60)÷0.10+1=12$ 根

中部非加密区：$(3.00-3.00/6×2)/0.2-1=9$ 根

4）第四层：

$H_n=3.00-0.60=2.4m$

下部加密区：$\max(H_n/6,500,h_c)÷0.10+1=6$ 根

上部加密区：$[\max(H_n/6,500,h_c)+0.6]÷0.10+1=12$ 根

中部非加密区：$(2.40-0.5×2)/0.2-1=6$ 根

5）箍筋工程量：

工程量=$2×2.038×0.617+(11+11+7+7+13+10)×4.988×0.617+$
$[(6+12+9)×2+6+12+6]×4.822×0.395=332.66kg=0.333t$

分部分项工程量清单见表 4-16。

分部分项工程量清单   表 4-16

序号	项目编码	项目名称	项 目 特 征	计量单位	工程量
1	010515001001	现浇构件钢筋	KZ8 柱中Φ22	t	0.238
2	010515001002	现浇构件钢筋	KZ8 柱中Φ20	t	0.173
3	010515001003	现浇构件钢筋	KZ8 柱中Φ18	t	0.168

序号	项目编码	项目名称	项目特征	计量单位	工程量
4	010515001004	现浇构件钢筋	Φ8 箍筋	t	0.243
5	010515001005	现浇构件钢筋	柱中Φ18	t	0.474
6	010515001006	现浇构件钢筋	KZ4 柱中Φ8 箍筋,Φ10 箍筋	t	0.315
7	010515001007	现浇构件钢筋	柱中Φ20	t	0.085
8	010515001008	现浇构件钢筋	柱中Φ18	t	0.390
9	010515001009	现浇构件钢筋	Φ10 箍筋,Φ10 箍筋	t	0.333

4.2 剪力墙构件

4.2.1 剪力墙构件平法施工图制图规则

1. 剪力墙平法施工图的表示方法

（1）剪力墙平法施工图系在剪力墙平面布置图上采用列表注写方式或截面注写方式表达。

（2）剪力墙平面布置图可采用适当比例单独绘制，也可与柱或梁平面布置图合并绘制。当剪力墙较复杂或采用截面注写方式时，应按标准层分别绘制剪力墙平面布置图。

（3）在剪力墙平法施工图中，应按规定注明各结构层的楼面标高、结构层高及相应的结构层号，尚应注明上部结构嵌固部位位置。

（4）对于轴线未居中的剪力墙（包括端柱），应标注其偏心定位尺寸。

2. 列表注写方式

（1）为表达清楚、简便，剪力墙可视为由剪力墙柱、剪力墙身和剪力墙梁三类构件构成。

列表注写方式，系分别在剪力墙柱表、剪力墙身表和剪力墙梁表中，对应于剪力墙平面布置图上的编号，用绘制截面配筋图并注写几何尺寸与配筋具体数值的方式，来表达剪力墙平法施工图。

（2）编号规定：将剪力墙按剪力墙柱、剪力墙身、剪力墙梁（简称为墙柱、墙身、墙梁）三类构件分别编号。

1）墙柱编号，由墙柱类型代号和序号组成，表达形式应符合表 4-17 的规定。

墙柱编号　　　　　　　　　　　　　　　　　　表 4-17

墙柱类型	代号	序号
约束边缘构件	YBZ	××
构造边缘构件	GBZ	××
非边缘暗柱	AZ	××
扶壁柱	FBZ	××

注：约束边缘构件包括约束边缘暗柱、约束边缘端柱、约束边缘翼墙、约束边缘转角墙四种（见图 4-25）。构造边缘构件包括构造边缘暗柱、构造边缘端柱、构造边缘翼墙、构造边缘转角墙四种（见图 4-26）。

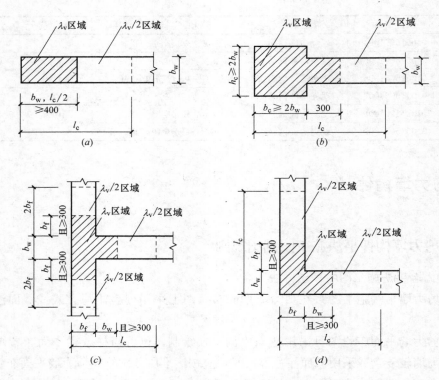

图 4-25 约束边缘构件

（a）约束边缘暗柱；（b）约束边缘端柱；（c）约束边缘翼墙；（d）约束边缘转角墙

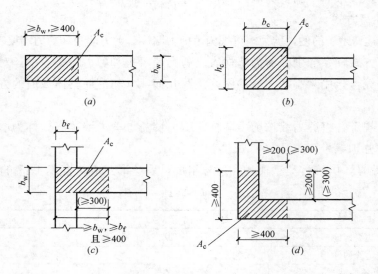

图 4-26 构造边缘构件

（a）构造边缘暗柱；（b）构造边缘端柱；（c）构造边缘翼墙（括号中数值用于高层建筑）；

（d）构造边缘转角墙（括号中数值用于高层建筑）

2）墙身编号，由墙身代号、序号以及墙身所配置的水平与竖向分布钢筋的排数组成，其中排数注写在括号内。表达形式为：

$$Q××（××排）$$

注：（1）在编号中：如若干墙柱的截面尺寸与配筋均相同，仅截面与轴线的关系不同时，可将其编为同一墙柱号；又如若干墙身的厚度尺寸和配筋均相同，仅墙厚与轴线的关系不同或墙身长度不同时，也可将其编为同一墙身号，但应在图中注明与轴线的几何关系。

（2）当墙身所设置的水平与竖向分布钢筋的排数为 2 时，可不注。

（3）对于分布钢筋网的排数规定：当剪力墙厚度不大于 400mm 时，应配置双排；当剪力墙厚度大于 400mm 但不大于 700mm 时，宜配置三排；当剪力墙厚度大于 700mm 时，宜配置四排。各排水平分布钢筋和竖向分布钢筋的直径与间距宜保持一致。当剪力墙配置的分布钢筋多于两排时，剪力墙拉筋两端应同时勾住外排水平纵筋和竖向纵筋，还应与剪力墙内排水平纵筋和竖向纵筋绑扎在一起。

3）墙梁编号，由墙梁类型代号和序号组成，表达形式应符合表 4-18 的规定。

墙梁编号

表 4-18

墙梁类型	代号	序号
连梁	LL	××
连梁（对角暗撑配筋）	LL(JC)	××
连梁（交叉斜筋配筋）	LL(JX)	××
连梁（集中对角斜筋配筋）	LL(DX)	××
连梁（跨高比不小于 5）	LLk	××
暗梁	AL	××
边框梁	BKL	××

注：1. 在具体工程中，当某些墙身需设置暗梁或边框梁时，宜在剪力墙平法施工图中绘制暗梁或边框梁的平面布置图并编号，以明确其具体位置。

2. 跨高比不小于 5 的连梁按框架梁设计时，代号为 LLk。

（3）在剪力墙柱表中表达的内容，规定如下：

1）注写墙柱编号（表 4-17），绘制该墙柱的截面配筋图，标注墙柱几何尺寸。

① 约束边缘构件（图 4-25）需注明阴影部分尺寸。

注：剪力墙平面布置图中应注明约束边缘构件沿墙肢长度 l_c（约束边缘翼墙中沿墙肢长度尺寸为 $2b_f$ 时可不注）。

② 构造边缘构件（图 4-26）需注明阴影部分尺寸。

③ 扶墙柱及非边缘暗柱需标注几何尺寸。

2）注写各段墙柱的起止标高，自墙柱根部往上以变截面位置或截面未变但配筋改变处为界分段注写。墙柱根部标高一般指基础顶面标高（部分框支剪力墙结构则为框支梁顶面标高）。

3）注写各段墙柱的纵向钢筋和箍筋，注写值应与在表中绘制的截面配筋图对应一致。纵向钢筋注总配筋值；墙柱箍筋的注写方式与柱箍筋相同。

设计施工时应注意：

a. 在剪力墙平面布置图中需注写约束边缘构件非阴影区内布置的拉筋或箍筋直径，与阴影区箍筋直径相同时，可不注。

b. 当约束边缘构件体积配箍率计算中计入墙身水平分布钢筋时，设计者应注明。施工时，墙身水平分布钢筋应注意采用相应的构造做法。

c. 约束边缘构件非阴影区拉筋是沿剪力墙竖向分布钢筋逐根设置。施工时应注意，非阴影区外圈设置箍筋时，箍筋应包住阴影区内第二列竖向纵筋。当设计采用与本构造详图不同的做法时，应另行注明。

d. 当非底部加强部位构造边缘构件不设置外圈封闭箍筋时，设计者应注明。施工时，墙身水平分布钢筋应注意采用相应的构造做法。

（4）在剪力墙身表中表达的内容，规定如下：

1）注写墙身编号（含水平与竖向分布钢筋的排数），见第（2）条第2）款。

2）注写各段墙身起止标高，自墙身根部往上以变截面位置或截面未变但配筋改变处为界分段注写。墙身根部标高一般指基础顶面标高（部分框支剪力墙结构则为框支梁的顶面标高）。

3）注写水平分布钢筋、竖向分布钢筋和拉结筋的具体数值。注写数值为一排水平分布钢筋和竖向分布钢筋的规格与间距，具体设置几排已经在墙身编号后面表达。

拉结筋应注明布置方式"矩形"或"梅花形"布置，用于剪力墙分布钢筋的拉结，见图 4-27（图中，a 为竖向分布钢筋间距，b 为水平分布钢筋间距）。

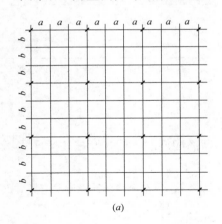 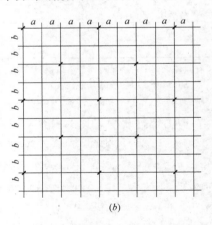

（a）　　　　　　　　　　　　　（b）

图 4-27　拉结筋设置示意

（a）拉结筋@$3a3b$ 矩形（$a{\leqslant}200$、$b{\leqslant}200$）；（b）拉结筋@$4a4b$ 梅花（$a{\leqslant}150$、$b{\leqslant}150$）

（5）在剪力墙梁表中表达的内容，规定如下：

1）注写墙梁编号，见表 4-18。

2）注写墙梁所在楼层号。

3）注写墙梁顶面标高高差，系指相对于墙梁所在结构层楼面标高的高差值。高于者为正值，低于者为负值，当无高差时不注。

4）注写墙梁截面尺寸 $b \times h$，上部纵筋、下部纵筋和箍筋的具体数值。

5）当连梁设有对角暗撑时［代号为 LL（JC）××］，注写暗撑的截面尺寸（箍筋外皮尺寸）；注写一根暗撑的全部纵筋，并标注×2 表明有两根暗撑相互交叉；注写暗撑箍筋的具体数值。

6）当连梁设有交叉斜筋时［代号为 LL（JX）××］，注写连梁一侧对角斜筋的配筋值，并标注×2 表明对称设置；注写对角斜筋在连梁端部设置的拉筋根数、强度级别及直径，并标注×4 表示四个角都设置；注写连梁一侧折线筋配筋值，并标注×2 表明对称设置。

7）当连梁设有集中对角斜筋时［代号为 LL（DX）××］，注写一条对角线上的对角斜筋，并标注×2 表明对称设置。

8）跨高比不小于 5 的连梁，按框架梁设计时（代号为 LLk××），采用平面注写方式，注写规则同框架梁，可采用适当比例单独绘制，也可与剪力墙平法施工图合并绘制。

墙梁侧面纵筋的配置，当墙身水平分布钢筋满足连梁、暗梁及边框梁的梁侧面纵向构造钢筋的要求时，该筋配置同墙身水平分布钢筋，表中不注，施工按标准构造详图的要求即可。当墙身水平分布钢筋不满足连梁、暗梁及边框梁的梁侧面纵向构造钢筋的要求时，应在表中补充注明梁侧面纵筋的具体数值；当为 LLk 时，平面注写方式以大写字母"N"打头。梁侧面纵向钢筋在支座内锚固要求同连梁中受力钢筋。

（6）采用列表注写方式分别表达剪力墙墙梁、墙身和墙柱的平法施工图示例。

3. 截面注写方式

（1）截面注写方式，系在分标准层绘制的剪力墙平面布置图上，以直接在墙柱、墙身、墙梁上注写截面尺寸和配筋具体数值的方式来表达剪力墙平法施工图，如图 4-28 所示。

（2）选用适当比例原位放大绘制剪力墙平面布置图，其中对墙柱绘制配筋截面图；对所有墙柱、墙身、墙梁分别按规定进行编号，并分别在相同编号的墙柱、墙身、墙梁中选择一根墙柱，一道墙身、一根墙梁进行注写，其注写方式按以下规定进行。

1）从相同编号的墙柱中选择一个截面，注明几何尺寸，标注全部纵筋及箍筋的具体数值。

注：约束边缘构件（见图 4-25）除需注明阴影部分具体尺寸外，尚需注明约束边缘构件沿墙肢长度 l_c，约束边缘翼墙中沿墙肢长度尺寸为 $2b_f$ 时可不注。

2）从相同编号的墙身中选择一道墙身，按顺序引注的内容为：墙身编号（应包括注写在括号内墙身所配置的水平与竖向分布钢筋的排数）、墙厚尺寸，水平分布钢筋、竖向分布钢筋和拉筋的具体数值。

3）从相同编号的墙梁中选择一根墙梁，按顺序引注的内容为：

① 注写墙梁编号、墙梁截面尺寸 $b \times h$、墙梁箍筋、上部纵筋、下部纵筋和墙梁顶面标高高差的具体数值。其中，墙梁顶面标高高差的注写规定同"2"第（2）条第 3）款。

② 当连梁设有对角暗撑时［代号为 LL（JC）××］，注写规定同"2"第（2）条第5）款。

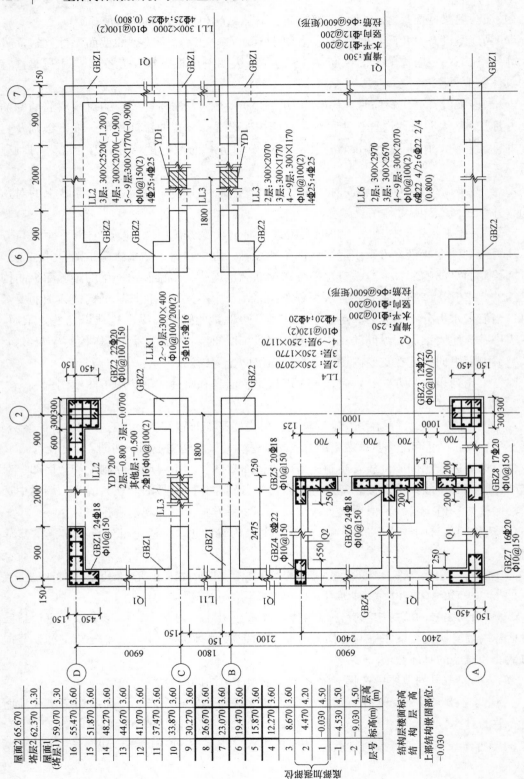

图 4-28 12.270~30.270m 剪力墙平法施工图

③ 当连梁设有交叉斜筋时［代号为 LL(JX)××］，注写规定同 "2" 第（2）条第（6）款。

④ 当连梁设有集中对角斜筋时［代号为 LL(DX)××］，注写规定同 "2" 第（2）条第（7）款。

⑤ 跨高比不小于 5 的连梁，按框架梁设计时（代号为 LLk××），注写规则同 "2" 第（2）条第（8）款。

当墙身水平分布钢筋不能满足连梁、暗梁及边框梁的梁侧面纵向构造钢筋的要求时，应补充注明梁侧面纵筋的具体数值；注写时，以大写字母 N 打头，接续注写直径与间距。其在支座内的锚固要求同连梁中受力钢筋。

（3）采用截面注写方式表达的剪力墙平法施工图示例见图 4-28。

4. 剪力墙洞口的表示方法

（1）无论采用列表注写方式还是截面注写方式，剪力墙上的洞口均可在剪力墙平面布置图上原位表达。

（2）洞口的具体表示方法：

1）在剪力墙平面布置图上绘制洞口示意，并标注洞口中心的平面定位尺寸。

2）在洞口中心位置引注：①洞口编号，②洞口几何尺寸，③洞口中心相对标高，④洞口每边补强钢筋，共四项内容。具体规定如下：

① 洞口编号：矩形洞口为 JD××（×× 为序号），圆形洞口为 YD××（×× 为序号）。

② 洞口几何尺寸：矩形洞口为洞宽×洞高（$b×h$），圆形洞口为洞口直径 D。

③ 洞口中心相对标高，系相对于结构层楼（地）面标高的洞口中心高度。当其高于结构层楼面时为正值，低于结构层楼面时为负值。

④ 洞口每边补强钢筋，分以下几种不同情况：

a. 当矩形洞口的洞宽、洞高均不大于 800mm 时，此项注写为洞口每边补强钢筋的具体数值。当洞宽、洞高方向补强钢筋不一致时，分别注写洞宽方向、洞高方向补强钢筋，以 "/" 分隔。

b. 当矩形或圆形洞口的洞宽或直径大于 800mm 时，在洞口的上、下需设置补强暗梁，此项注写为洞口上、下每边暗梁的纵筋与箍筋的具体数值（在标准构造详图中，补强暗梁梁高一律定为 400mm，施工时按标准构造详图取值，设计不注。当设计者采用与该构造详图不同的做法时，应另行注明），圆形洞口时尚需注明环向加强钢筋的具体数值；当洞口上、下边为剪力墙连梁时，此项免注；洞口竖向两侧设置边缘构件时，亦不在此项表达（当洞口两侧不设置边缘构件时，设计者应给出具体做法）。

c. 当圆形洞口设置在连梁中部 1/3 范围（且圆洞直径不应大于 1/3 梁高）时，需注写在圆洞上下水平设置的每边补强纵筋与箍筋：

d. 当圆形洞口设置在墙身或暗梁、边框梁位置，且洞口直径不大于 300mm 时，此项注写为洞口上下左右每边布置的补强纵筋的具体数值。

e. 当圆形洞口直径大于 300mm，但不大于 800mm 时，此项注写为洞口上下左右每边布置的补强纵筋的具体数值，以及环向加强钢筋的具体数值。

5. 地下室外墙的表示方法

（1）本节地下室外墙仅适用于起挡土作用的地下室外围护墙。地下室外墙中墙柱、连梁及洞口等的表示方法同地上剪力墙。

（2）地下室外墙编号，由墙身代号、序号组成。表达为 DWQ××。

（3）地下室外墙平面注写方式，包括集中标注墙体编号、厚度、贯通筋、拉筋等和原位标注附加非贯通筋等两部分内容。当仅设置贯通筋，未设置附加非贯通筋时，则仅做集中标注。

（4）地下室外墙的集中标注，规定如下：

1）注写地下室外墙编号，包括代号、序号、墙身长度（注为××～××轴）。

2）注写地下室外墙厚度 b_w＝×××。

3）注写地下室外墙的外侧、内侧贯通筋和拉筋。

① 以 OS 代表外墙外侧贯通筋。其中，外侧水平贯通筋以 H 打头注写，外侧竖向贯通筋以 V 打头注写。

② 以 IS 代表外墙内侧贯通筋。其中，内侧水平贯通筋以 H 打头注写，内侧竖向贯通筋以 V 打头注写。

③ 以 tb 打头注写拉结筋直径、强度等级及间距，并注明"矩形"或"梅花"。

（5）地下室外墙的原位标注，主要表示在外墙外侧配置的水平非贯通筋或竖向非贯通筋。

当配置水平非贯通筋时，在地下室墙体平面图上原位标注。在地下室外墙外侧绘制粗实线段代表水平非贯通筋，在其上注写钢筋编号并以 H 打头注写钢筋强度等级、直径、分布间距，以及自支座中线向两边跨内的伸出长度值。当自支座中线向两侧对称伸出时，可仅在单侧标注跨内伸出长度，另一侧不注，此种情况下非贯通筋总长度为标注长度的 2 倍。边支座处非贯通钢筋的伸出长度值从支座外边缘算起。

地下室外墙外侧非贯通筋通常采用"隔一布一"方式与集中标注的贯通筋间隔布置，其标注间距应与贯通筋相同，两者组合后的实际分布间距为各自标注间距的 1/2。

当在地下室外墙外侧底部、顶部、中层楼板位置配置竖向非贯通筋时，应补充绘制地下室外墙竖向剖面图并在其上原位标注。表示方法为在地下室外墙竖向剖面图外侧绘制粗实线段代表竖向非贯通筋，在其上注写钢筋编号并以 V 打头注写钢筋强度等级、直径、分布间距，以及向上（下）层的伸出长度值，并在外墙竖向剖面图名下注明分布范围（××～××轴）。

注：竖向非贯通筋向层内的伸出长度值注写方式：

（1）地下室外墙底部非贯通钢筋向层内的伸出长度值从基础底板顶面算起。

（2）地下室外墙顶部非贯通钢筋向层内的伸出长度值从顶板底面算起。

（3）中层楼板处非贯通钢筋向层内的伸出长度值从板中间算起，当上下两侧伸出长度值相同时可仅注写一侧。

地下室外墙外侧水平、竖向非贯通筋配置相同者，可仅选择一处注写，其他可仅注写编号。

当在地下室外墙顶部设置水平通长加强钢筋时应注明。

设计时应注意：

a. 设计者应根据具体情况判定扶壁柱或内墙是否作为墙身水平方向的支座，以选择合理的配筋方式。

b. 16G101-1 提供了"顶板作为外墙的简支支承"、"顶板作为外墙的弹性嵌固支承（墙外侧竖向钢筋与板上部纵向受力钢筋搭接连接）"两种做法，设计者应在施工图中指定选用何种做法。

（6）采用平面注写方式表达的地下室剪力墙平法施工图示例。

6. 其他

（1）在剪力墙平法施工图中应注明底部加强部位高度范围，以便使施工人员明确在该范围内应按照加强部位的构造要求进行施工。

（2）当剪力墙中有偏心受拉墙肢时，无论采用何种直径的竖向钢筋，均应采用机械连接或焊接接长，设计者应在剪力墙平法施工图中加以注明。

（3）抗震等级为一级的剪力墙，水平施工缝处需设置附加竖向插筋时，设计应注明构件位置，并注写附加竖向插筋规格、数量及间距。竖向插筋沿墙身均匀布置。

4.2.2 剪力墙暗柱钢筋计算

1. 基础层剪力墙插筋计算

边缘构件纵向钢筋在基础中构造，如图 4-29 所示。

基础层暗柱插筋长度＝弯折长度 a＋锚固竖直长度＋搭接长度（$1.2l_{aE}$）

当采用机械连接时，钢筋搭接长度不计，暗柱基础插筋长度为：

基础层暗柱插筋长度＝弯折长度 a＋锚固竖直长度＋钢筋出基础长度 500mm

每个基础层剪力墙插筋根数可以直接从图纸上面数出，总根数为：暗柱的数量×每根暗柱插筋的根数。

2. 中间层剪力墙暗柱纵筋

中间层墙柱纵筋长度（绑扎连接）＝层高＋伸入上层的搭接长度－层高＋搭接长度 $1.2l_{aE}$

中间层暗柱纵筋根数计算同基础层插筋根数的计算。

3. 顶层剪力墙暗柱纵筋

顶层墙柱纵筋长度＝顶层净高－板厚＋顶层锚固长度

如果是端柱，顶层锚固要区分边柱、中柱、角柱，要区分外侧钢筋和内侧钢筋。因为端柱可以看作是框架柱，所以其锚固也和框架柱相同。

顶层暗柱纵筋根数计算同基础层插筋根数的计算。

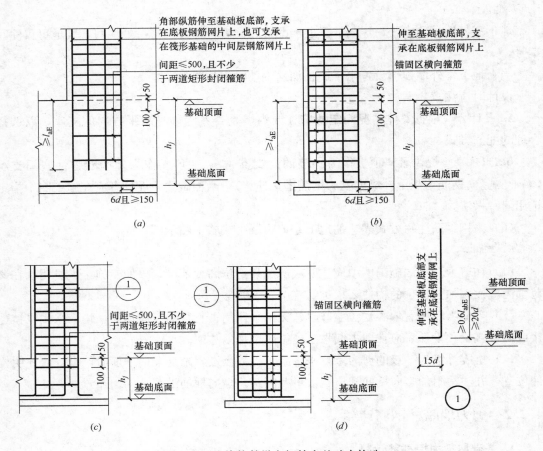

图 4-29　边缘构件纵向钢筋在基础中构造

(*a*) 保护层厚度＞5*d*；基础高度满足直锚；(*b*) 保护层厚度≤5*d*；基础高度满足直锚；

(*c*) 保护层厚度＞5*d*；基础高度不满足直锚；(*d*) 保护层厚度≤5*d*；基础高度不满足直锚

4. 暗柱箍筋的根数计算

关于暗柱箍筋根数的计算，16G101-3 图集的 65 页给出了规定：当侧面保护层≤5*d* 时，箍筋间距为 min（10*d*，100）；当侧面保护层＞5*d* 时，间距≤500mm。

（1）基础层箍筋根数计算

1）当侧面保护层≤5*d* 时：

$$基础层箍筋根数为 = \max\left[2, \frac{h_j - 150 - 100}{\min(10d, 100)}（向上取整）+1\right]$$

2）当侧面保护层＞5*d* 时：

$$基础层箍筋根数为 = \max\left[2, \frac{h_j - 150 - 100}{500}（向上取整）+1\right]$$

（2）中间层箍筋根数计算

　中间层箍筋根数＝中间层上部非搭接范围箍筋根数＋中间层搭接范围箍筋根数

（3）顶层箍筋根数计算

顶层箍筋根数＝顶层上部非搭接范围箍筋根数＋顶层搭接范围箍筋根数

4.2.3 剪力墙连梁钢筋计算

连梁有多种叫法：

按水平方向分，叫墙端部连梁，墙中部连梁；

按垂直方向分，叫底层连梁，中间层连梁（楼层连梁），顶层连梁；

按是否跨层分，叫跨层连梁，非跨层连梁；

按单双洞口分，有单洞口连梁，双洞口连梁。

连梁 LL 配筋构造，如图 4-30 所示。

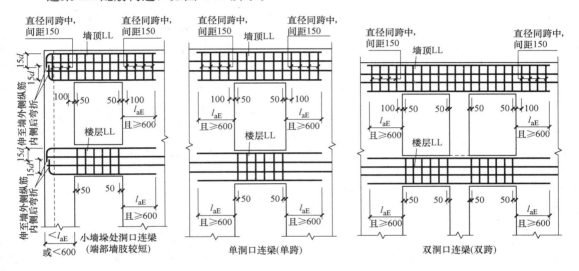

图 4-30　连梁 LL 配筋构造

1. 墙端部洞口连梁

墙端部洞口连梁是设置在剪力墙端部洞口上的连梁。

（1）连梁纵筋计算。当端部小墙肢的长度满足直锚时，纵筋可以直锚。当端部小墙肢的长度无法满足直锚时，须将纵筋伸至小墙肢纵筋内侧再弯折，弯折长度为 $15d$。

1）当剪力墙连梁端部小墙肢的长度满足直锚时：

$$连梁纵筋长度＝洞口宽度＋左右两边锚固 \max(l_{aE},600)$$

2）当剪力墙连梁端部小墙肢的长度不能满足直锚时：

连梁纵筋长度＝洞口宽度＋右边锚固 $\max(l_{aE},600)$＋左支座锚固墙肢宽度－保护层厚度＋$15d$

纵筋根数根据图纸标注根数计算。

（2）连梁箍筋计算。连梁箍筋计算同其他构件箍筋长度计算，按照外皮计算箍筋长度。

$$箍筋长度＝(梁宽 b＋梁高 h－4×保护层)×2＋1.9d×2＋\max(10d,75)$$

$$中间层连梁箍筋根数＝(洞口宽－50×2)/箍筋配置间距＋1$$

顶层连梁箍筋根数＝(洞口宽－50×2)/箍筋配置间距＋1)＋(左端连梁锚固直段长－100)/150＋1＋(右端连梁锚固直段长－100)/150＋1

2. 单洞口连梁

(1) 连梁纵筋计算。单洞口顶层连梁和中间层连梁纵筋在剪力墙中均采用直锚，两边各伸入墙中 max (l_{aE}, 600)，纵筋计算长度为：

连梁纵筋长度＝洞口宽度＋左右锚固长度＝洞口宽度＋max(l_{aE},600)×2

纵筋根数根据图纸标注根数计算。

(2) 连梁箍筋计算。单洞口连梁箍筋计算同其他构件箍筋长度计算，按照外皮计算箍筋长度。

箍筋长度＝(梁宽 b＋梁高 h－4×保护层)×2＋1.9d×2＋max(10d,75)

中间层连梁箍筋根数＝(洞口宽－50×2)/箍筋配置间距＋1

顶层连梁箍筋根数＝(洞口宽－50×2)/箍筋配置间距＋1)＋(左端连梁锚固直段长－100)/150＋1＋(右端连梁锚固直段长－100)/150＋1

3. 双洞口连梁

(1) 连梁纵筋计算。双洞口顶层连梁和中间层连梁纵筋在剪力墙中均采用直锚，两边各伸入墙中 max (l_{aE}, 600)。

连梁纵筋长度＝两洞口宽合计＋洞口间墙宽度＋左右两端锚固长度 max(l_{aE},600)×2

纵筋根数根据图纸标注根数计算。

(2) 连梁箍筋计算。双洞口连梁箍筋计算同其他构件箍筋长度计算，按照外皮计算箍筋长度。

箍筋长度＝(梁宽 b＋梁高 h－4×保护层厚度)×2＋1.9d×2＋max(10d,75mm)

中间层连梁箍筋根数＝(洞口宽－50×2)/箍筋配置间距＋1

顶层连梁箍筋根数＝(洞口宽－50×2)/箍筋配置间距＋1)＋(左端连梁锚固直段长－100)/150＋1＋(右端连梁锚固直段长－100)/150＋1

4. 连梁中拉筋的计算

(1) 拉筋长度，以外皮计算

拉筋同时勾住梁纵筋和梁箍筋拉筋长度＝(b－保护层厚度×2)＋1.9d×2＋max(10d,75mm)×2

式中 d——拉筋直径，mm；

   b——梁宽，mm。

(2) 拉筋根数计算

拉筋根数＝拉筋排数×每排拉筋根数

拉筋排数＝[(连梁高－保护层厚度×2)÷水平筋间距＋1](取整)×2

每排拉筋根数＝(连梁净长－50×2)/连梁箍筋间距的 2 倍＋1(取整)

4.2.4 剪力墙暗梁钢筋计算

暗梁并不是"梁"，而是在剪力墙身中的构造加劲条带，故暗梁通常设置在各层剪力墙靠近楼板底部的位置。暗梁的作用不是抗剪而是阻止剪力墙开裂,暗梁的长度是整个墙肢,暗梁与墙肢等长。所以说,暗梁不存在"锚固"问题,只有"收边"问题。

剪力墙 BKL 或 AL 与 LL 重叠时的配筋构造,如图 4-31 所示。

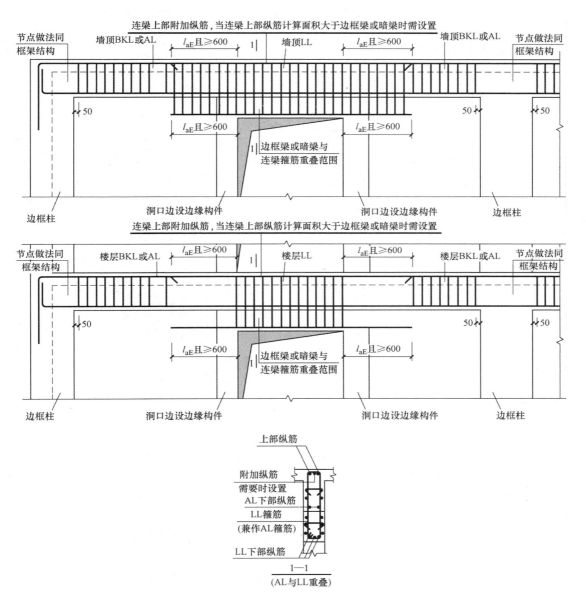

图 4-31 剪力墙 BKL 或 AL 与 LL 重叠时配筋构造

暗梁纵筋长度＝暗梁净跨或洞口净宽＋左右锚固长度

（1）当暗梁与连梁相交时:

暗梁纵筋长度＝暗梁净跨长＋暗梁左右端部锚固长度

（2）连梁上部附加纵筋，当连梁上部纵筋计算面积大于暗梁或边框梁时需设置。

$$连梁上部附加纵筋＝洞口净宽＋max(l_{aE},600)×2$$

暗梁箍筋长度计算同连梁计算方法。

$$暗梁箍筋根数＝[暗梁净跨(洞口宽)－50×2]/箍筋间距＋1$$

4.2.5 剪力墙竖向钢筋计算

剪力墙竖向分布钢筋连接构造，如图 4-32 所示。

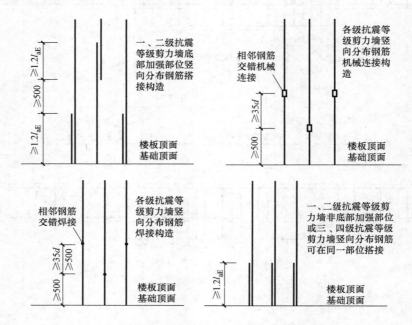

图 4-32 剪力墙竖向分布钢筋连接构造

剪力墙边缘构件纵向钢筋连接构造，如图 4-33 所示。

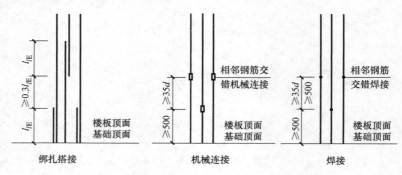

图 4-33 剪力墙边缘构件纵向钢筋连接构造

注：适用于约束边缘构件阴影部分和构造边缘构件的纵向钢筋

剪力墙双排配筋、三排配筋、四排配筋及防震缝处墙局部构造，如图 4-34 所示。

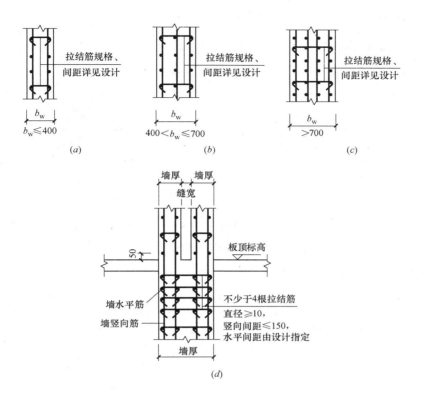

图 4-34 剪力墙双排配筋、三排配筋、四排配筋及防震缝处墙局部构造

（a）剪力墙双排配筋；（b）剪力墙三排配筋；（c）剪力墙四排配筋；（d）防震缝处墙局部构造

1. 剪力墙基础层插筋计算

（1）剪力墙插筋长度计算

基础层剪力墙插筋长度＝弯折长度＋锚固竖直长度＋搭接长度（$1.2l_{aE}$）或非连接区 500mm

当采用机械连接时，钢筋搭接长度不计，剪力墙基础插筋长度为：

基础层剪力墙插筋长度＝弯折长度＋锚固竖直长度＋钢筋伸出基础长度 500mm

（2）剪力墙插筋根数计算

剪力墙插筋根数＝（墙净长－2×插筋间距/2）/插筋间距＝（墙长－两端暗柱截面长－2×插筋间距/2）

2. 中间层剪力墙竖向钢筋计算

（1）剪力墙墙身无洞口时，中间层竖向钢筋＝层高＋搭接长度 $1.2l_{aE}$。

（2）剪力墙墙身有洞口时，墙身竖向钢筋在洞口上下两边截断，分别横向弯折 $15d$。

竖向钢筋长度＝该层内钢筋净长＋弯折长度 $15d$＋搭接长度 $1.2l_{aE}$

钢筋根数同基础层插筋根数的计算。

3. 顶层剪力墙竖向钢筋计算

顶层竖向钢筋＝层高－板厚＋锚固长度 $12d$

钢筋根数同基础层插筋根数的计算。

4.2.6 剪力墙水平钢筋计算

剪力墙水平分布钢筋端部做法，如图 4-35 所示。

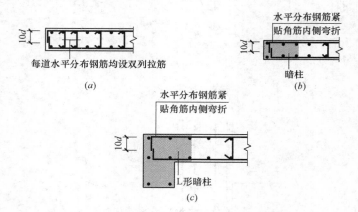

图 4-35 剪力墙水平分布钢筋端部做法

（a）端部无暗柱时剪力墙水平分布钢筋端部做法；（b）端部无暗柱时剪力墙水平分布钢筋端部做法；（c）端部有 L 形暗柱时剪力墙水平分布钢筋端部做法

剪力墙水平分布钢筋交错搭接，如图 4-36 所示。

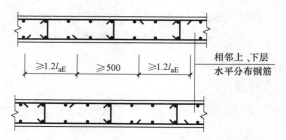

图 4-36 剪力墙水平分布钢筋交错搭接

剪力墙多排配筋的构造，如图 4-37 所示。

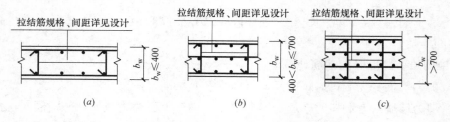

图 4-37 剪力墙多排配筋的构造

（a）剪力墙双排配筋；（b）剪力墙三排配筋；（c）剪力墙四排配筋

剪力墙水平筋在转角墙中柱中的构造，如图 4-38 所示。

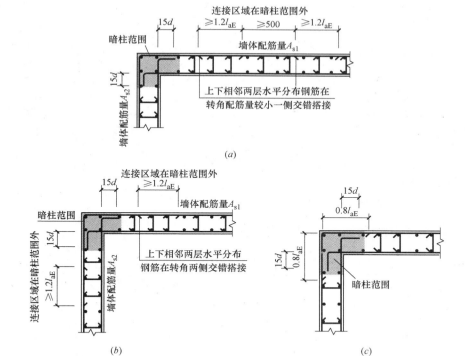

图 4-38 剪力墙水平筋在转角墙中柱中的构造

(a) 转角墙（一）；(b) 转角墙（二）；(c) 转角墙（三）

1. 基础层剪力墙水平钢筋计算

（1）墙端为暗柱时

1）外侧钢筋连续通过：

$$外侧钢筋长度＝墙长－保护层厚度 c×2$$

$$内侧钢筋＝墙长－保护层厚度 c＋10d×2（弯折）$$

2）外侧钢筋不连续通过：

$$外侧钢筋长度＝墙净长＋2×l_{lE}$$

$$内侧钢筋长度＝墙长－保护层厚度 c＋15d×2（弯折）$$

（2）墙端为端柱时，剪力墙墙身水平钢筋在端柱中弯锚 $15d$，当墙体水平筋伸入端柱长度大于或等于 l_{aE}（l_a）时，不必上下弯折。

1）当为端柱转角墙时：

$$外侧钢筋长度＝墙净长＋端柱长－保护层厚度 c＋15d$$

$$内侧钢筋＝墙净长＋端柱长－保护层厚度 c＋15d$$

2）当为端柱翼墙或端柱端部墙时：

$$外侧钢筋长度＝墙净长－端柱长－保护层厚度 c＋15d$$

$$内侧钢筋长度＝墙净长＋端柱长－保护层厚度 c＋15d$$

（3）基础层剪力墙水平筋的根数：

$$基础层水平钢筋根数＝层高/间距＋1$$

部分设计图纸，明确表示基础层剪力墙水平筋的根数，也可以根据图纸实际根数计算。

2. 中间层剪力墙水平筋计算

当剪力墙中无洞口时，中间层剪力墙中水平钢筋设置同基础层，钢筋长度计算同基础层。当剪力墙墙身有洞口时，墙身水平筋在洞口左右两边截断，分别向下弯折 $15d$。

$$洞口水平钢筋长度＝该层内钢筋净长＋弯折长度15d$$

3. 顶层剪力墙水平筋计算

顶层剪力墙水平筋设置同中间层剪力墙，钢筋长度计算同中间层。

4.2.7 剪力墙构件钢筋工程量清单实例

【**例4-7**】 顶层 AZ1 纵筋 12Φ20，采用 HRB335 级钢筋，混凝土强度等级为 C25，非抗震等级钢筋。其构造如图 4-39 所示。层高为 3000mm，板厚为 120mm，下层非连接区为 500mm。试计算顶层墙柱纵筋工程量，并编制工程量清单。

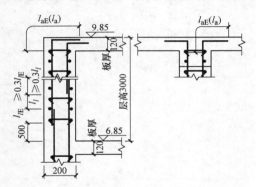

图 4-39 构造图

【**解**】 顶层净高＝层高－下层非连接区＝ $3000－500＝2500mm$

根据"采用 HRB335 级钢筋，混凝土强度等级为 C25，非抗震等级钢筋"，可得出：

顶层锚固长度＝ $34d＝34×20＝680mm$

顶层墙柱纵筋长度＝顶层净高－板厚＋顶层锚固长度＝ $2500－120＋680＝3060mm$

墙纵筋工程量＝ $3.06×12×2.466＝90.55kg＝0.091t$

分部分项工程量清单见表 4-19。

分部分项工程量清单   表 4-19

序号	项目编码	项目名称	项目特征	计量单位	工程量
1	010515001001	现浇构件钢筋	HRB335 级Φ20	t	0.091

【**例4-8**】 某剪力墙端部洞口连梁 LL5 施工图，如图 4-40 所示。保护层厚度为 15mm，混凝土强度为 C25，抗震等级为一级，采用 HRB400 级钢筋。试计算连梁 LL5 中间层的各种钢筋工程量。

1. 上下部纵筋工程量

右端直锚固长度＝ $\max（l_{aE}，600）$

由"混凝土强度为 C25，抗震等级为一级，采用 HRB400 级钢筋"，可得出：

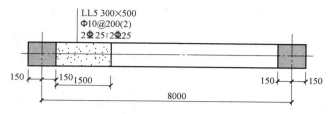

图 4-40 端部洞口连梁 LL5 施工图

顶层锚固长度＝38d＝38×20＝760mm

故：

右端直锚固长度＝760mm

左端支座锚固＝300－15＋15×20＝585mm

总长度＝净长＋右端直锚固长度＋左端支座锚固＝1500＋760＋585＝2845mm

工程量＝2.845×4×3.853＝43.85kg＝0.044t

2. 箍筋工程量

箍筋长度＝(梁宽 b＋梁高 h－4×保护层)×2＋1.9d_1×2＋max(10d_1,75)

$\qquad$＝(300＋500－4×15)×2＋1.9×10×2＋max(10×10,75)＝1618mm

中间层连梁箍筋根数＝(洞口宽－50×2)/箍筋配置间距＋1

$\qquad$＝(1500－50×2)/200＋1＝8 根

工程量＝1.618×8×0.617＝7.99kg＝0.008t

【例 4-9】 某电梯间平法施工图如图 4-41 所示，混凝土强度等级为 C30，保护层厚度 c 为 15mm，锚固长度 l_{aE} 取 27d，双排配筋布置，筏形基础，厚度为 800mm，墙纵筋锚入基础底部，水平长度为 150mm。试计算该电梯间④轴剪力墙 Q1 的钢筋工程量。

【解】

Φ6 钢筋单位理论质量为 0.222kg/m

Φ8 钢筋单位理论质量为 0.395kg/m

Φ10 钢筋单位理论质量为 0.617kg/m

1. 剪力墙墙身水平钢筋Φ8@150 计算

单根外侧水平钢筋长度 $L_{外}$＝(6100＋400＋975＋125)－2×15＋2×6.25d

$\qquad$＝(6100＋400＋975＋125)－2×15＋2×6.25×8

$\qquad$＝7670mm

单根内侧水平钢筋的长度 $L_{内}$＝(6100＋400＋975＋125)－2×15＋15d＋2×6.25d

$\qquad$＝(6100＋400＋975＋125)－2×15＋15×8＋2×6.25×8

$\qquad$＝7790mm

因为 Q1 水平筋的间距沿墙的高度没有变化,所以墙身水平钢筋Φ8@15 的根数＝(4.2＋3.95＋3.3×11＋4.2×2＋4.4＋3.6)÷0.15＋1＝407 根

Φ8 钢筋工程量＝(7.79＋7.67)×407×0.395＝2485.43kg＝2.485t

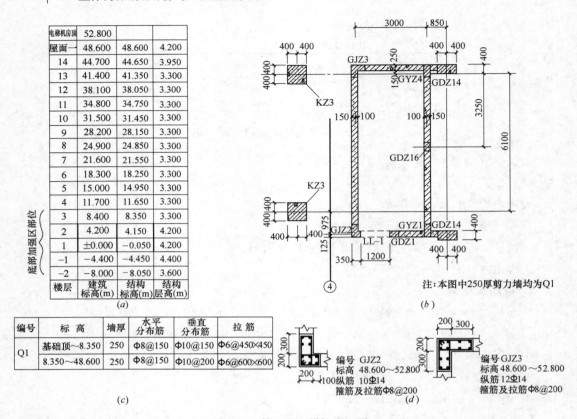

楼层	建筑 标高(m)	结构 标高(m)	结构 层高(m)
电梯机房顶	52.800		
屋面一	48.600	48.600	4.200
14	44.700	44.650	3.950
13	41.400	41.350	3.300
12	38.100	38.050	3.300
11	34.800	34.750	3.300
10	31.500	31.450	3.300
9	28.200	28.150	3.300
8	24.900	24.850	3.300
7	21.600	21.550	3.300
6	18.300	18.250	3.300
5	15.000	14.950	3.300
4	11.700	11.650	3.300
3	8.400	8.350	3.300
2	4.200	4.150	4.200
1	±0.000	−0.050	4.200
−1	−4.400	−4.450	4.400
−2	−8.000	−8.050	3.600

（底部加强区部位）

(a)

编号	标 高	墙厚	水平 分布筋	垂直 分布筋	拉筋
Q1	基础顶～8.350	250	Φ8@150	Φ10@150	Φ6@450×450
	8.350～48.600	250	Φ8@150	Φ10@200	Φ6@600×600

(c)

编号 GJZ2
标高 48.600～52.800
纵筋 10Φ14
箍筋及拉筋Φ8@200

编号 GJZ3
标高 48.600～52.800
纵筋 12Φ14
箍筋及拉筋Φ8@200

注：本图中250厚剪力墙均为Q1

(b)

(d)

图 4-41　某工程电梯间施工图
（a）结构层楼面标高；（b）电梯间剪力墙平面布置图；（c）Q1 墙身表；（d）GJZ 详图

2. 剪力墙墙身竖直钢筋Φ10 计算

（1）计算基础顶～8.35m 处墙身竖直钢筋（Φ10@150）

首层墙身纵筋长度 $L_1 = (800+150+6.25d)+3600+1.2l_{aE}+6.25d$
$$= (800+150+6.25d)+3600+1.2×27×10+6.25×10$$
$$= 4999mm$$

−4.450～8.350m 墙身纵筋长度 $L_2 = (4400+1.2l_{aE}+2×6.25d)+(4200+1.2l_{aE}+2×6.25d)×2+(3300+1.2l_{aE}+2×6.25d) = (4400+1.2×27×10+2×6.25×10)+(4200+1.2×27×10+2×6.25×10)×2+(3300+1.2×27×10+2×6.25×10) = 17896mm$

竖向钢筋根数 $N_1 = \{[(6100+400+975+125)−500−500]−2×50\}÷150+1 = 45$ 根

基础顶～8.350m 处墙身竖直钢筋Φ10@150 工程量 $= (17.896+4.999)×2×45×0.617 = 1271.36kg = 1.27t$

（2）计算 8.350～48.600m 处墙身竖直钢筋（Φ10@200）

中间层墙身竖直钢筋的长度 $L_3 = (3300+1.2l_{aE}+2×6.25d)×10+(3950+1.2l_{aE}+2×6.25d) = (3300+1.2×27×10+2×6.25×10)×10+(3950+1.2×27×10+2×$

6.25×10)＝41889mm

顶层墙身纵筋长度 $L_4 = 4200 + l_{aE} + 2 \times 6.25d = 4200 + 27 \times 10 + 2 \times 6.25 \times 10 = 4595$mm

8.350～48.600m 处墙身竖直钢筋根数 $N_2 = \{[(6100 + 400 + 975 + 125) - 500 - 500] - 2 \times 50\} \div 200 + 1 = 34$ 根

8.350～48.600m 处墙身竖直钢筋 Φ10@200 工程量 ＝ $2 \times 34 \times (41.889 + 4.595) \times 0.617 = 1950.28$kg ＝ 1.950t

Φ10 钢筋总工程量 ＝ $1.27 + 1.950 = 3.22$t

3. 剪力墙内拉筋计算

（1）计算基础顶至 8.350m 处Φ6@450×450

单根拉筋长度 $L = 250 - 2 \times 15 + 2d + 2 \times 6.25d = 250 - 2 \times 15 + 2 \times 6 + 2 \times 6.25 \times 6 = 307$mm

根数 $N_1 = [(6100 + 400 + 975 + 125 - 500 - 500) \times (8050 + 8350)] \div (450 \times 450) = 535$ 根

（2）计算 8.350～48.600m 处Φ6@600×600

单根拉筋长度 $L = 250 - 2 \times 15 + 2d + 2 \times 6.25d = 250 - 2 \times 15 + 2 \times 6 + 2 \times 6.25 \times 6 = 307$mm

个数 $N_2 = [(6100 + 400 + 975 + 125 - 500 - 500) \times (48600 - 8350)] \div (600 \times 600) = 738$ 根

Φ6 钢筋工程量 ＝ $(738 + 535) \times 0.307 \times 2 \times 0.222$kg/m ＝ 173.52kg ＝ 0.174t

【例 4-10】 某高校教学楼的剪力墙，其构造示意图如图 4-42 所示，抗震等级为三级，混凝土强度等级为 C30，保护层厚度 15mm，各层板厚均为 120mm，基础保护层厚度为 40mm。剪力墙身表见表 4-20，试计算该剪力墙钢筋工程量，并编制其工程量清单表。

剪力墙身表 表 4-20

编号	标高	墙厚	水平分布筋	竖直分布筋	拉筋
Q1(2 排)	−0.030～10.770	250	Φ10@200	Φ10@200	Φ6@200

【解】

Φ6 钢筋单位理论质量为 0.222kg/m

Φ10 钢筋单位理论质量为 0.617kg/m

1. 竖向分布筋Φ10@200

基础部分：单筋长度 ＝ $250 + (1200 - 40) + 1.2 \times 25 \times 10 + 5 \times 10 = 1760$mm

钢筋根数 ＝ $2 \times [(4500 - 2 \times 50)/200 + 1] = 46$ 根

钢筋长度小计：$1.76 \times 46 = 80.96$m

一层：单筋长度 ＝ $3600 + 5 \times 10 \times 2 = 3700$mm

钢筋根数（同上）＝ 46 根

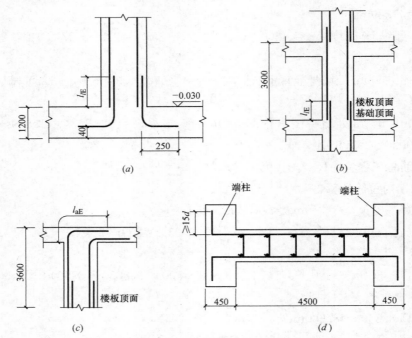

图 4-42 剪力墙构造示意图

(*a*) 基础层；(*b*) 单间层（一、一屋）；(*c*) 顶层（三屋）；(*d*) 剪力墙竖向分布钢筋

钢筋长度小计：$3.7 \times 46 = 170.2 \text{m}$

二层：同第一层$= 170.2 \text{m}$

三层：单筋长度$= 3600 - 120 + 25 \times 10 + 2 \times 5 \times 10 = 3830 \text{mm}$

钢筋根数（同上）$= 46$ 根

钢筋长度小计：$3.83 \times 46 = 176.182 \text{m}$

竖向分布筋长度合计：$80.96 + 170.2 \times 2 + 176.182 = 597.54 \text{m}$

2. 水平分布筋Φ10@200

单筋长度$= (450 - 15) \times 2 + 4500 + 15 \times 10 \times 2 = 5670 \text{mm}$

钢筋根数：基础层$= 2$ 根

第一层根数$= 2 \times [(3600/200) + 1] = 38$ 根

第二层根数$=$第三层根数$= 38$ 根

水平分布筋长度合计：$5.67 \times (2 + 38 + 38 + 38) = 657.72 \text{m}$

3. 拉筋Φ6@200 （梅花形布置）

单筋长度$= 250 - 15 \times 2 + 2 \times \max(75, 10d) + 1.9 \times 6 = 381.4 \text{mm}$

第一层根数$=$第二层根数$=$第三层根数$= (3600 \div 200) \times (4500 \div 200) = 405$ 根

拉筋长度合计：$0.3814 \times (405 + 405 + 405) = 463.401 \text{m}$

4. 钢筋工程量计算及清单编制

Φ10 钢筋工程量$= (597.54 + 657.72) \times 0.617 = 774.50 \text{kg} = 0.775 \text{t}$

Φ6 钢筋工程量＝463.401×0.222＝102.88kg＝0.103t

分部分项工程量清单见表 4-21。

分部分项工程量清单 表 4-21

序号	项目编码	项目名称	项目特征	计量单位	工程量
1	010515001001	现浇构件钢筋	Φ10	t	0.775
2	010515001002	现浇构件钢筋	Φ6	t	0.103

【例 4-11】 某建筑物电梯井采用剪力墙结构，建筑抗震等级为 2 级，混凝土强度等级为 C45，剪力墙保护层为 15mm。钢筋直径不大于 18mm 的，钢筋接头采用绑扎连接；钢筋直径大于 18mm 的，钢筋接头采用焊接连接的形式。基础顶面至标高－0.030m，层高为 3600mm，基础顶面至标高为－0.030m 剪力墙墙身、柱平面布置，如图 4-43 所示。剪力墙墙身配筋表，见表 4-22。剪力墙柱配筋表，见表 4-23。试计算其剪力墙钢筋工程量。

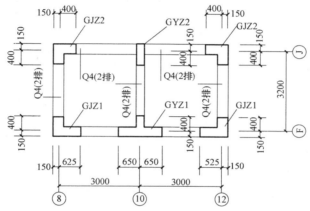

图 4-43 基础顶面至标高－0.030m 剪力墙墙身、柱平面布置图

剪力墙墙身配筋表 表 4-22

墙号	墙厚	排数	水平分布筋	竖向分布筋	拉筋
Q4(2 排)	250	2	ΦR10@200	ΦR10@200	Φ6@400/400（竖向/横向）呈梅花状布置

剪力墙柱配筋表 表 4-23

截面	GJZ1 截面图 250 525 / 300 250 / 14Φ14 Φ8@150	GJZ2 截面图 12Φ14 Φ8@150 / 250 300 / 250 300
编号	GJZ1	GJZ2
标高	基础顶面至标高－0.030m	基础顶面至标高－0.030m
纵筋	14Φ14	12Φ14
箍筋	Φ8@150	Φ8@150

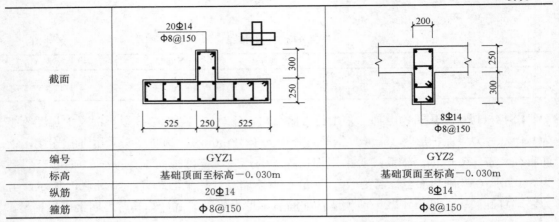

截面		
编号	GYZ1	GYZ2
标高	基础顶面至标高—0.030m	基础顶面至标高—0.030m
纵筋	20Φ14	8Φ14
箍筋	Φ8@150	Φ8@150

基础顶面至标高—0.030m剪力墙梁平面布置，如图4-44所示。剪力墙连梁配筋表，见表4-24。

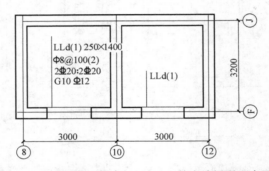

图4-44 基础顶面至标高—0.030m剪力墙梁平面布置图

剪力墙连梁配筋表   表4-24

编号	所在楼层号	梁顶相对标高	梁截面 $b \times h$	上部纵筋	下部纵筋	侧面纵筋	箍筋
LLd(1)	—1	—0.030	250×1400	2Φ20	2Φ20	10Φ12	Φ8@100(2)

【解】

1. 剪力墙墙身钢筋工程量计算

（1）墙身水平钢筋计算

①轴线剪力墙墙身外侧水平筋长度＝（150＋3000＋3000＋150）－15×2＝6300－30＝6270mm

①轴线剪力墙墙身内侧水平筋长度＝（3000－400＋3000－400）＋（29×10）＋（29×10）＝5200＋290＋290＝5780mm

①轴线剪力墙墙身内外侧水平筋根数＝（3600－15）÷200＋1＝18＋1＝19根

⑧轴线剪力墙墙身外侧水平筋长度＝（150＋3200＋150）－15×2＝3500－30＝3470mm

⑧轴线剪力墙墙身内侧水平筋长度＝（3200－400－400）＋（29×10）＋（29×10）＝

2400＋290＋290＝2980mm

⑧轴线剪力墙墙身内外侧水平筋根数＝(3600－15)÷200＋1＝18＋1＝19 根

⑩轴线剪力墙为内墙,墙身内外侧水平筋长度相同,均按内外侧水平筋计算公式计算。

⑩轴线剪力墙墙身内外侧水平筋长度＝(3200－400－400)＋(29×10)＋(29×10)＝2400＋290＋290＝2980mm

⑩轴线剪力墙墙身水平筋总根数＝[(3600－15)÷200＋1]×2＝(18＋1)×2＝38 根

⑫轴线剪力墙墙身水平筋同⑧轴线剪力墙墙身水平筋。

水平钢筋工程量小计:

墙身水平钢筋工程量＝(6.270×19＋5.780×19＋3.470×19＋2.980×19＋2.980×38＋3.470×19＋2.980×19)×0.617＝587.29×0.617＝362.36kg

(2) 墙身竖向钢筋计算

①轴线剪力墙墙身竖向筋长度＝3600＋1.2×32×10＝3600＋384＝3984mm

①轴线剪力墙墙身竖向筋根数＝{[(3000－400＋3000－400)－250]÷200＋1}×2＝26×2＝52 根

⑧轴线剪力墙墙身竖向筋长度＝3600＋1.2×32×10＝3600＋384＝3984mm

⑧轴线剪力墙墙身竖向筋根数＝{[(3200－400－400)－250]÷200＋1}×2＝12×2＝24 根

⑩轴线剪力墙墙身竖向筋、⑫轴线剪力墙墙身竖向筋与⑧轴线剪力墙墙身竖向筋相同。

竖向钢筋工程量小计:

墙身竖向钢筋工程量＝[(3.984×52)＋(3.984×24)×3]×0.617＝494.016×0.617＝304.81kg

(3) 墙身拉筋计算

①轴线剪力墙拉筋长度＝(250－15×2＋2×6)＋1.9×6×2＋75×2＝404.8mm

①轴线剪力墙拉筋根数＝[(3000－400＋3000－400)×3600]÷(400×400)＝18720000÷160000＝117 根

⑧轴线剪力墙拉筋长度＝(250－15×2＋2×6)＋1.9×6×2＋75×2＝404.8mm

⑧轴线剪力墙拉筋根数＝[(3200－400－400)×3600]÷(400×400)＝8640000÷160000＝54 根

⑩轴线剪力墙拉筋、⑫轴线剪力墙拉筋与⑧轴线剪力墙拉筋相同。

拉筋钢筋工程量小计:

墙身拉筋钢筋工程量＝[(0.4048×117)＋(0.4048×54)×3]×0.260＝112.9392×0.260＝29.36kg

(4) 剪力墙墙身钢筋工程量合计

剪力墙墙身钢筋工程量＝362.36＋304.81＋29.36＝696.53kg

2. 剪力墙墙柱钢筋工程量计算

(1) 剪力墙墙柱纵筋计算

GJZ1 纵筋长度＝3600－500＋500＋1.2×32×14＝4138mm

GJZ1 纵筋根数，按剪力墙柱配筋表（表4-22）为14根。

GJZ2 纵筋长度＝3600－500＋500＋1.2×32×14＝4138mm

GJZ2 纵筋根数，按剪力墙柱配筋表（表4-22）为12根。

GJZ1 纵筋长度＝3600－500＋500＋1.2×32×14＝4138mm

GYZ1 纵筋根数，按剪力墙柱配筋表（表4-22）为20根。

GYZ2 纵筋根数，按剪力墙柱配筋表（表4-22）为8根。

墙柱纵筋钢筋工程量小计：

GJZ1 有2根，GJZ2 有2根，GYZ1 有1根，GYZ2 有1根。

墙柱纵筋钢筋工程量＝（2×4.138×14＋2×4.138×12＋4.138×20＋4.138×8）×1.208＝331.04×1.208＝399.90kg

（2）剪力墙墙柱箍筋计算

GJZ1 箍筋1 长度＝（250＋525＋250）×2－30×8＋8×8＋1.9×8×2＋80×2＝2064mm

GJZ1 箍筋1 根数＝（3600－50）÷150＋1＝25 根

GJZ1 箍筋2 长度＝（250＋300＋250）×2－30×8＋8×8＋1.9×8×2＋80×2＝1614mm

GJZ1 箍筋2 根数＝（3600－50）÷150＋1＝25 根

GJZ2 箍筋1 长度＝（250＋300＋250）×2-30×8＋8×8＋1.9×8×2＋80×2＝1614mm

GJZ2 箍筋1 根数＝（3600－50）÷150＋1＝25 根

GJZ2 箍筋2 长度＝（250＋300＋250）×2－30×8＋8×8＋1.9×8×2＋80×2＝1614mm

GJZ2 箍筋2 根数＝（3600－50）÷150＋1＝25 根

GYZ1 箍筋1 长度＝（525＋250＋525＋250）×2－30×8＋8×8＋1.9×8×2＋80×2＝3114mm

GYZ1 箍筋1 根数＝（3600－50）÷150＋1＝25 根

GYZ1 箍筋2 长度＝（250＋300＋250）×2－30×8＋8×8＋1.9×8×2＋80×2＝1614mm

GYZ1 箍筋2 根数＝（3600－50）÷150＋1＝25 根

GYZ2 箍筋长度＝（250＋300＋200）×2-30×8＋8×8＋1.9×8×2＋80×2＝1514mm

GYZ2 箍筋根数＝（3600－50）÷150＋1＝25 根

墙柱箍筋钢筋工程量小计：

墙柱箍筋钢筋工程量＝[2×（2.064×25）＋2×（1.614×25）＋2×（1.614×25）＋2×（1.614×25）＋（3.114×25）＋（1.614×25）＋（1.514×25）]×0.395＝501.35×0.395＝198.03kg

（3）剪力墙墙柱拉筋计算

GJZ1 拉筋长度＝250－30×2＋2×8＋1.9×8×2＋80×2＝396mm

按剪力墙柱配筋表（表 4-22），GJZ1 同一截面有 3 根长度相同的拉筋。

GJZ1 拉筋根数＝3×[(3600－50)÷150＋1]＝3×25＝75 根

GJZ2 拉筋长度＝250－30×2＋2×8＋1.9×8×2＋80×2＝396mm

按剪力墙柱配筋表（表 4-22），GJZ2 同一截面有 2 根长度相同的拉筋。

GJZ2 拉筋根数＝2×[(3600-50)÷150＋1]＝2×25＝50 根

GYZ1 拉筋长度＝250－30×2＋2×8＋1.9×8×2＋80×2＝396mm

按剪力墙柱配筋表（表 4-22），GYZ1 同一截面有 5 根长度相同的拉筋。

GYZ1 拉筋根数＝5×[(3600－50)÷150＋1]＝5×25＝125 根

GYZ2 拉筋长度＝200－30×2＋2×8＋1.9×8×2＋80×2＝346mm

按剪力墙柱配筋表（表 4-22），GYZ2 同一截面有 2 根长度相同的拉筋。

GYZ2 拉筋根数＝2×[(3600－50)÷150＋1]＝2×25＝50 根

墙柱拉筋钢筋工程量小计：

墙柱拉筋钢筋工程量＝(0.396×75＋0.396×50＋0.396×125＋0.346×50)×0.395＝116.3×0.395＝45.94kg

（4）剪力墙墙柱钢筋工程量合计

剪力墙墙柱钢筋工程量＝399.90＋198.03＋45.94＝643.87kg

3. 剪力墙连梁梁钢筋计算

⑧～⑩轴 LLd（1）上部纵筋长度＝(675－25＋15×20)＋(3000－2×525)＋31×20＝3520mm

⑧～⑩轴 LLd（1）上部纵筋根数，按图示标注为 2 根。

⑧～⑩轴 LLd（1）下部纵筋长度＝(675－25＋15×20)＋(3000－2×525)＋31×20＝3520mm

⑧～⑩轴 LLd（1）下部纵筋根数，按图示标注为 2 根。

⑧～⑩轴 LLd（1）侧面纵筋长度＝31×12＋(3000－2×525)＋31×12＝2694mm

⑧～⑩轴 LLd（1）侧面纵筋根数，按图示标注为 10 根。

⑧～⑩轴 LLd（1）箍筋长度＝(250－2×25)×2＋(1400－2×25)×2＋8×8＋1.9×8×2＋10×8×2＝400＋2700＋64＋30.4＋160＝3354mm

⑧～⑩轴 LLd（1）箍筋根数＝(1950－50×2)÷100＋1＝20 根

⑧～⑩轴 LLd（1）拉筋长度＝(250－25)＋2×6＋1.9×6×2＋75×2＝410mm

拉筋排数＝[(1400－2×25)÷200－1]÷2＝3(排)

每排根数＝(1950－100)÷200＋1＝11 根

拉筋总根数＝3×11＝33 根

⑩～⑫轴 LLd（1）钢筋与⑧～⑩轴 LLd（1）钢筋长度、根数均相同。

连梁钢筋工程量小计：

连梁钢筋工程量＝2×[(3.520×2＋3.520×2)×2.466＋(2.694×10)×0.888＋

（3.354×20）×0.395＋（0.410×33）×0.260］＝2×（34.72＋23.92＋26.50＋3.52）＝177.32kg

电梯井剪力墙钢筋工程量＝696.53＋643.87＋177.32＝1517.72kg

4.3 梁构件

4.3.1 梁构件平法施工图制图规则

1. 梁平法施工图的表示方法

（1）梁平法施工图系在梁平面布置图上采用平面注写方式或截面注写方式表达。

（2）梁平面布置图，应分别按梁的不同结构层（标准层），将全部梁和与其相关联的柱、墙、板一起，采用适当比例绘制。

（3）在梁平法施工图中，尚应按规定注明各结构层的顶面标高及相应的结构层号。

（4）对于轴线未居中的梁，应标注其偏心定位尺寸（贴柱边的梁可不注）。

2. 平面注写方式

（1）平面注写方式，系在梁平面布置图上，分别在不同编号的梁中各选一根梁，在其上注写截面尺寸和配筋具体数值的方式来表达梁平法施工图。

平面注写包括集中标注与原位标注，集中标注表达梁的通用数值，原位标注表达梁的特殊数值。当集中标注中的某项数值不适用于梁的某部位时，则将该项数值原位标注。施工时，原位标注取值优先，如图4-45所示。

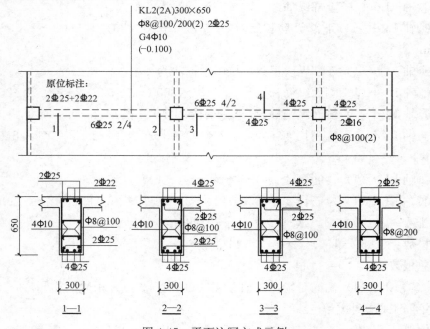

图4-45 平面注写方式示例

注：图 4-45 中四个梁截面系采用传统表示方法绘制，用于对比按平面注写方式表达的同样内容。实际采用平面注写方式表达时，不需绘制梁截面配筋图和图 4-45 中的相应截面号。

（2）梁编号由梁类型代号、序号、跨数及有无悬挑代号几项组成，并应符合表 4-25 的规定。

梁编号 表 4-25

梁类型	代号	序号	跨数及是否带有悬挑
楼层框架梁	KL	××	(××)、(××A)或(××B)
楼层框架扁梁	KBL	××	(××)、(××A)或(××B)
屋面框架梁	WKL	××	(××)、(××A)或(××B)
框支梁	KZL	××	(××)、(××A)或(××B)
托柱转换梁	TZL	××	(××)、(××A)或(××B)
非框架梁	L	××	(××)、(××A)或(××B)
悬挑梁	XL	××	(××)、(××A)或(××B)
井字梁	JZL	××	(××)、(××A)或(××B)

注：1. (××A) 为一端有悬挑，(××B) 为两端有悬挑，悬挑不计入跨数。
2. 楼层框架扁梁节点核心区代号 KBH。
3. 16G101-1 中非框架梁 L、井字梁 JZL 表示端支座为铰接；当非框架梁 L、井字梁 JZL 端支座上部纵筋为充分利用钢筋的抗拉强度时，在梁代号后加"g"。

（3）梁集中标注的内容，有五项必注值及一项选注值（集中标注可以从梁的任意一跨引出），规定如下：

1）梁编号，见表 4-25，该项为必注值。其中，对井字梁编号中关于跨数的规定见第（7）条。

2）梁截面尺寸，该项为必注值。

当为等截面梁时，用 $b \times h$ 表示；

当为竖向加腋梁时，用 $b \times h$ $Yc_1 \times c_2$ 表示，其中 c_1 为腋长，c_2 为腋高（图 4-46）；

当为水平加腋梁时，一侧加腋时用 $b \times h$ $PYc_1 \times c_2$ 表示，其中 c_1 为腋长，c_2 为腋宽，加腋部位应在平面图中绘制（图 4-47）；

图 4-46 竖向加腋截面注写示意

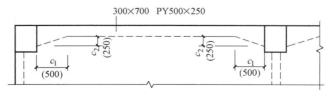

图 4-47 水平加腋截面注写示意

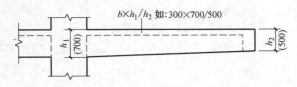

图 4-48 悬挑梁不等高截面注写示意

当有悬挑梁且根部和端部的高度不同时，用斜线分隔根部与端部的高度值，即为 $b \times h_1 / h_2$（图 4-48）。

3）梁箍筋，包括钢筋级别、直径、加密区与非加密区间距及肢数，该项为必注值。箍筋加密区与非加密区的不同间距及肢数，需用斜线"/"分隔；当梁箍筋为同一种间距及肢数时，则不需用斜线；当加密区与非加密区的箍筋肢数相同时，则将肢数注写一次；箍筋肢数应写在括号内。加密区范围见相应抗震等级的标准构造详图。

非框架梁、悬挑梁、井字梁采用不同的箍筋间距及肢数时，也用斜线"/"将其分隔开来。注写时，先注写梁支座端部的箍筋（包括箍筋的箍数、钢筋级别、直径、间距与肢数），在斜线后注写梁跨中部分的箍筋间距及肢数。

4）梁上部通长筋或架立筋配置（通长筋可为相同或不同直径采用搭接连接、机械连接或焊接的钢筋），该项为必注值。所注规格与根数应根据结构受力要求及箍筋肢数等构造要求而定。当同排纵筋中既有通长筋又有架立筋时，应用加号"＋"将通长筋和架立筋相联。注写时，需将角部纵筋写在加号的前面，架立筋写在加号后面的括号内，以示不同直径及与通长筋的区别。当全部采用架立筋时，则将其写入括号内。

当梁的上部纵筋和下部纵筋为全跨相同，且多数跨配筋相同时，此项可加注下部纵筋的配筋值，用分号"；"将上部与下部纵筋的配筋值分隔开来，少数跨不同者，按第（2）条的规定处理。

5）梁侧面纵向构造钢筋或受扭钢筋配置，该项为必注值。

当梁腹板高度 $h_w \geqslant 450$mm 时，需配置纵向构造钢筋，所注规格与根数应符合规范规定。此项注写值以大写字母 G 打头，接续注写设置在梁两个侧面的总配筋值且对称配置。

当梁侧面需配置受扭纵向钢筋时，此项注写值以大写字母 N 打头，接续注写配置在梁两个侧面的总配筋值且对称配置。受扭纵向钢筋应满足梁侧面纵向构造钢筋的间距要求，且不再重复配置纵向构造钢筋。

6）梁顶面标高高差，该项为选注值。

梁顶面标高高差，系指相对于结构层楼面标高的高差值。对于位于结构夹层的梁，则指相对于结构夹层楼面标高的高差。有高差时，需将其写入括号内，无高差时不注。

注：当某梁的顶面高于所在结构层的楼面标高时，其标高高差为正值，反之为负值。

（4）梁原位标注的内容规定如下：

1）梁支座上部纵筋，该部位含通长筋在内的所有纵筋：

① 当上部纵筋多于一排时，用斜线"/"将各排纵筋自上而下分开。

② 当同排纵筋有两种直径时，用加号"＋"将两种直径的纵筋相联，注写时将角部纵筋写在前面。

③ 当梁中间支座两边的上部纵筋不同时，须在支座两边分别标注；当梁中间支座两

边的上部纵筋相同时，可仅在支座的一边标注配筋值，另一边省去不注（图 4-49）。

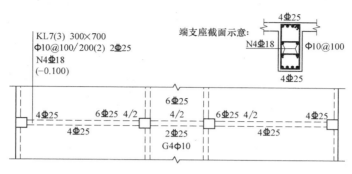

图 4-49　大小跨梁的注写示意

设计时应注意：

a. 对于支座两边不同配筋值的上部纵筋，宜尽可能选用相同直径（不同根数），使其贯穿支座，避免支座两边不同直径的上部纵筋均在支座内锚固。

b. 对于以边柱、角柱为端支座的屋面框架梁，当能够满足配筋截面面积要求时，其梁的上部钢筋应尽可能只配置一层，以避免梁柱纵筋在柱顶处因层数过多、密度过大导致不方便施工和影响混凝土浇筑质量。

2）梁下部纵筋：

① 当下部纵筋多于一排时，用斜线"/"将各排纵筋自上而下分开。

② 当同排纵筋有两种直径时，用加号"＋"将两种直径的纵筋相联，注写时角筋写在前面。

③ 当梁下部纵筋不全部伸入支座时，将梁支座下部纵筋减少的数量写在括号内。

④ 当梁的集中标注中已按第（3）条第 4）款的规定分别注写了梁上部和下部均为通长的纵筋值时，则不需在梁下部重复做原位标注。

⑤ 当梁设置竖向加腋时，加腋部位下部斜纵筋应在支座下部以 Y 打头注写在括号内（图 4-50），16G101-1 中框架梁竖向加腋构造适用于加腋部位参与框架梁计算，其他情况设计者应另行给出构造。当梁设置水平加腋时，水平加腋内上、下部斜纵筋应在加腋支座上部以 Y 打头注写在括号内，上下部斜纵筋之间用"/"分隔（图 4-51）。

3）当在梁上集中标注的内容（即梁截面尺寸、箍筋、上部通长筋或架立筋，梁侧面纵向构造钢筋或受扭纵向钢筋，以及梁顶面标高高差中的某一项或几项数值）不适用于某跨或某悬挑部分时，则将其不同数值原位标注在该跨或该悬挑部位，施工时应按原位标注数值取用。

当在多跨梁的集中标注中已注明加腋，而该梁某跨的根部却不需要加腋时，则应在该跨原位标注等截面的 $b \times h$，以修正集中标注中的加腋信息（图 4-50）。

4）附加箍筋或吊筋，将其直接画在平面图中的主梁上，用线引注总配筋值（附加箍筋的肢数注在括号内）（图 4-52）。当多数附加箍筋或吊筋相同时，可在梁平法施工图上统一注明。少数与统一注明值不同时，再原位引注。

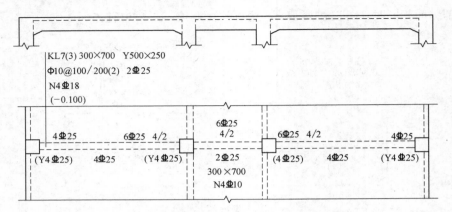

图 4-50 梁竖向加腋平面注写方式表达示例

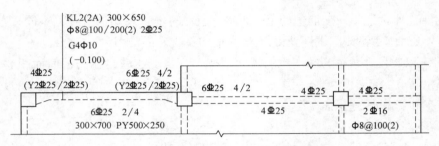

图 4-51 梁水平加腋平面注写方式表达示例

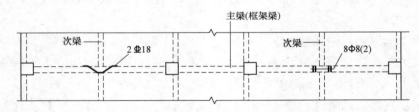

图 4-52 附加箍筋和吊筋的画法示例

施工时应注意：附加箍筋或吊筋的几何尺寸应按照标准构造详图，结合其所在位置的主梁和次梁的截面尺寸而定。

（5）框架扁梁注写规则同框架梁，对于上部纵筋和下部纵筋，尚需注明未穿过柱截面的纵向受力钢筋根数，见图 4-53。

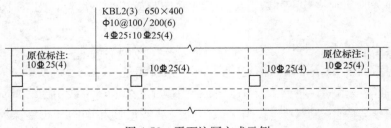

图 4-53 平面注写方式示例

（6）框架扁梁节点核心区代号为 KBH，包括柱内核心区和柱外核心区两部分。框架扁梁节点核心区钢筋注写包括柱外核心区竖向拉筋及节点核心区附加纵向钢筋，端支座节点核心区尚需注写附加 U 形箍筋。

柱内核心区箍筋见框架柱箍筋。

柱外核心区竖向拉筋，注写其钢筋级别与直径；端支座柱外核心区尚需注写附加 U 形箍筋的钢筋级别、直径及根数。

框架扁梁节点核心区附加纵向钢筋以大写字母"F"打头，注写其设置方向（X 向或 Y 向）、层数、每层的钢筋根数、钢筋级别、直径及未穿过柱截面的纵向受力钢筋根数。

设计、施工时应注意：

a. 柱外核心区竖向拉筋在梁纵向钢筋两向交叉位置均布置，当布置方式与图集要求不一致时，设计应另行绘制详图。

b. 框架扁梁端支座节点，柱外核心区设置 U 形箍筋及竖向拉筋时，在 U 形箍筋与位于柱外的梁纵向钢筋交叉位置均布置竖向拉筋。当布置方式与图集要求不一致时，设计应另行绘制详图 4-54。

c. 附加纵向钢筋应与竖向拉筋相互绑扎。

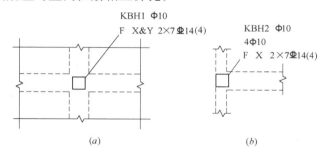

图 4-54　框架扁梁节点核心区附加钢筋注写示意

（7）井字梁通常由非框架梁构成，并以框架梁为支座（特殊情况下以专门设置的非框架大梁为支座）。在此情况下，为明确区分井字梁与作为井字梁支座的梁，井字梁用单粗虚线表示（当井字梁顶面高出板面时可用单粗实线表示），作为井字梁支座的梁用双细虚线表示（当梁顶面高出板面时可用双细实线表示）。

16G101-1 所规定的井字梁系指在同一矩形平面内相互正交所组成的结构构件，井字梁所分布范围称为"矩形平面网格区域"（简称"网格区域"）。当在结构平面布置中仅有由四根框架梁框起的一片网格区域时，所有在该区域相互正交的井字梁均为单跨；当有多片网格区域相连时，贯通多片网格区域的井字梁为多跨，且相邻两片网格区域分界处即为该井字梁的中间支座。对某根井字梁编号时，其跨数为其总支座数减 1；在该梁的任意两个支座之间，无论有几根同类梁与其相交，均不作为支座（图 4-55）。

井字梁的注写规则见第（1）～（4）条规定。除此之外，设计者应注明纵横两个方向梁相交处同一层面钢筋的上下交错关系（指梁上部或下部的同层面交错钢筋何梁在上、何梁在下），以及在该相交处两方向梁箍筋的布置要求。

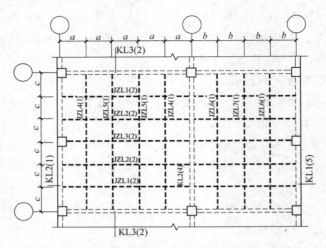

图 4-55 井字梁矩形平面网格区域示意

（8）井字梁的端部支座和中间支座上部纵筋的伸出长度 a_0 值，应由设计者在原位加注具体数值予以注明。当采用平面注写方式时，则在原位标注的支座上部纵筋后面括号内加注具体伸出长度值（图 4-56）。

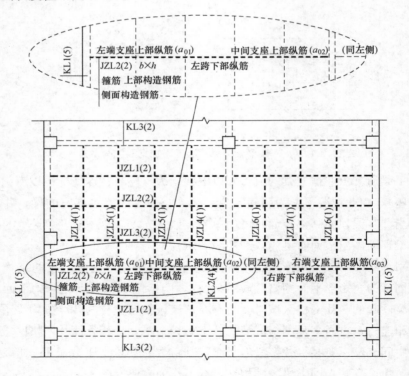

图 4-56 井字梁平面注写方式示例

注：本图仅示意井字梁的注写方法，未注明截面几何尺寸 $b \times h$，支座上部纵筋伸出长度 $a_{01} \sim a_{03}$，以及纵筋与箍筋的具体数值。

当为截面注写方式时，则在梁端截面配筋图上注写的上部纵筋后面括号内加注具体伸出长度值（图4-57）。

设计时应注意：

a. 当井字梁连续设置在两片或多排网格区域时，才具有上面提及的井字梁中间支座。

b. 当某根井字梁端支座与其所在网格区域之外的非框架梁相连时，该位置上部钢筋的连续布置方式需由设计者注明。

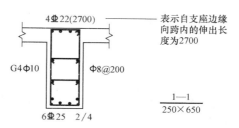

图4-57 井字梁截面注写方式示例

（9）在梁平法施工图中，当局部梁的布置过密时，可将过密区用虚线框出，适当放大比例后再用平面注写方式表示。

（10）采用平面注写方式表达的梁平法施工图示例见图4-58。

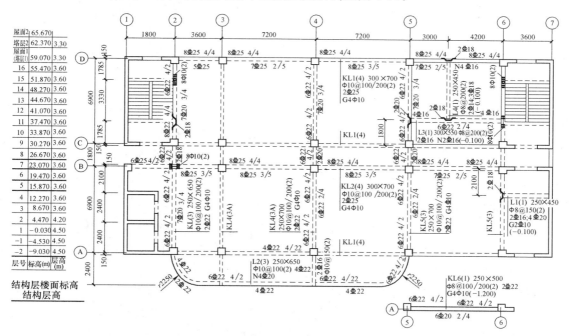

图4-58 15.870～26.670m梁平法施工图（平面注写方式）

3. 截面注写方式

（1）截面注写方式，系在分标准层绘制的梁平面布置图上，分别在不同编号的梁中各选择一根梁用剖面号引出配筋图，并在其上注写截面尺寸和配筋具体数值的方式来表达梁平法施工图，见图4-59。

（2）对所有梁按表4-25的规定进行编号，从相同编号的梁中选择一根梁，先将"单边截面号"画在该梁上，再将截面配筋详图画在本图或其他图上。当某梁的顶面标高与结构层的楼面标高不同时，尚应继其梁编号后注写梁顶面标高高差（注写规定与平面注写方

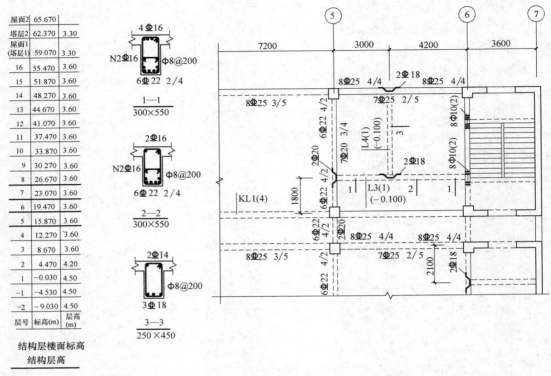

图 4-59　15.870~26.670m 梁平法施工图（截面注写方式）

式相同）。

（3）在截面配筋详图上注写截面尺寸 $b \times h$、上部筋、下部筋、侧面构造筋或受扭筋以及箍筋的具体数值时，其表达形式与平面注写方式相同。

（4）对于框架扁梁尚需在截面详图上注写未穿过柱截面的纵向受力筋根数。对于框架扁梁节点核心区附加钢筋，需采用平面图、剖面图表达节点核心区附加纵向钢筋、柱外核心区全部竖向拉筋以及端支座附加 U 形箍筋，注写其具体数值。

（5）截面注写方式既可以单独使用，也可与平面注写方式结合使用。

注：在梁平法施工图的平面图中，当局部区域的梁布置过密时，除了采用截面注写方式表达外，也可采用"2"第（9）条的措施来表达。当表达异形截面梁的尺寸与配筋时，用截面注写方式相对比较方便。

（6）采用截面注写方式表达的梁平法施工图示例见图 4-59。

4. 梁支座上部纵筋的长度规定

（1）为方便施工，凡框架梁的所有支座和非框架梁（不包括井字梁）的中间支座上部纵筋的伸出长度 a_0 值在标准构造详图中统一取值为：第一排非通长筋及与跨中直径不同的通长筋从柱（梁）边起伸至 $l_n/3$ 位置；第二排非通长筋伸出至 $l_n/4$ 位置。l_n 的取值规定为：对于端支座，l_n 为本跨的净跨值；对于中间支座，l_n 为支座两边较大一跨的净跨值。

（2）悬挑梁（包括其他类型梁的悬挑部分）上部第一排纵筋伸出至梁端头并下弯，第二排伸出至 $3l/4$ 位置，为自柱（梁）边算起的悬挑净长。当具体工程需要将悬挑梁中的部分上部钢筋从悬挑梁根部开始斜向弯下时，应由设计者另加注明。

（3）设计者在执行第（1）、（2）条关于梁支座端上部纵筋伸出长度的统一取值规定对，特别是在大小跨相邻和端跨外为长悬臂的情况下，还应注意按《混凝土结构设计规范（2015 年版）》GB 50010—2010 的相关规定进行校核，若不满足时应根据规范规定进行变更。

5. 不伸入支座的梁下部纵筋长度规定

（1）当梁（不包括框支梁）下部纵筋不全部伸入支座时，不伸入支座的梁下部纵筋截断点距支座边的距离，在标准构造详图中统一取为 $0.1l_{ni}$（为本跨梁的净跨值）。

（2）当按第（1）条规定确定不伸入支座的梁下部纵筋的数量时，应符合《混凝土结构设计规范（2015 年版）》GB 50010—2010 的有关规定。

6. 其他

（1）非框架梁、井字梁的上部纵向钢筋在端支座的锚固要求，16G101-1 标准构造详图中规定：当设计按铰接时（代号 L、JZL），平直段伸至端支座对边后弯折，且平直段长度 $\geqslant 0.35l_{ab}$ 弯折段投影长度 $15d$（d 为纵向钢筋直径）；当充分利用钢筋的抗拉强度时（代号 Lg、JZLg），直段伸至端支座对边后弯折，且平直段长度 $\geqslant 0.6l_{ab}$，弯折段投影长度 $15d$。

（2）非框架梁的下部纵向钢筋在中间支座和端支座的锚固长度：在 16G101-1 的构造详图中规定，对于带肋钢筋为 $12d$，对于光圆钢筋为 $15d$（d 为纵向钢筋直径）；端支座直锚长度不足时，可采取弯钩锚固形式措施；当计算中需要充分利用下部纵向钢筋的抗压强度或抗拉强度，或具体工程有特殊要求时，其锚固长度应由设计者按照《混凝土结构设计规范（2015 年版）》GB 50010－2010 的相关规定进行变更。

（3）当非框架梁配有受扭纵向钢筋时，梁纵筋锚入支座的长度为 l_a，在端支座直锚长度不足时可伸至端支座对边后弯折，而且平直段长度 $\geqslant 0.6l_{ab}$，弯折段投影长度 $15d$。设计者应在图中注明。

（4）当梁纵筋兼做温度应力钢筋时，其锚入支座的长度由设计确定。

（5）当两楼层之间设有层间梁时（如结构夹层位置处的梁），应将设置该部分梁的区域画出另行绘制梁结构布置图，然后在其上表达梁平法施工图。

4.3.2 楼层框架梁构件钢筋计算

1. 框架梁纵筋计算

楼层框架梁 KL 纵向钢筋构造，如图 4-60 所示。

端支座加锚头（锚板）锚固和端支座直锚，如图 4-61 所示。

中间层中间节点梁下部筋在节点外搭接，如图 4-62 所示。梁下部钢筋不能在柱内锚固时，可在节点外搭接。相邻跨钢筋直径不同时，搭接位置位于较小直径一跨。

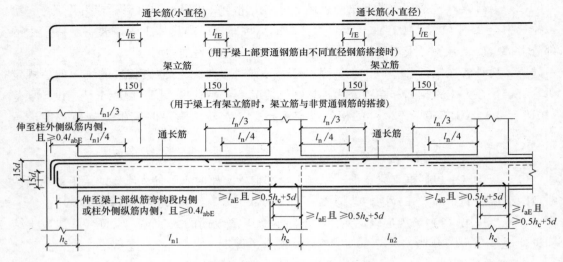

图 4-60 楼层框架梁 KL 纵向钢筋构造

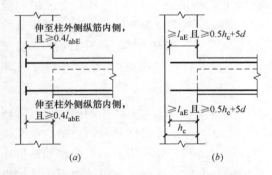
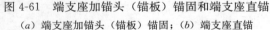

图 4-61 端支座加锚头（锚板）锚固和端支座直锚

(a) 端支座加锚头（锚板）锚固；(b) 端支座直锚

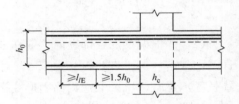

图 4-62 中间层中间节点梁
下部筋在节点外搭接

楼层框架梁 KL 中间支座纵向钢筋构造，如图 4-63 所示。

（1）楼层框架梁上、下部贯通筋。当梁的支座 h_c（h_c 为柱截面沿框架方向的高度）足够宽时，梁上、下部纵筋伸入支座的长 $l \geqslant l_{aE}$，而且 $l \geqslant 0.5h_c + 5d$ 时，纵筋直锚于支座内。

楼层框架梁上下部贯通钢筋长度 $= l_n +$ 左右锚入支座内长度 $\max(l_{aE}, 0.5h + 5d)$

其中　l_n——通跨净长，mm；

　　　h_c——柱截面沿框架梁方向的宽度，mm；

　　　l_{aE}——钢筋锚固长度，mm；

　　　d——钢筋直径，mm。

当梁的支座宽度 h_c 较小时，梁上、下部纵筋伸入支座的长度不能满足锚固要求，钢筋在端发座分弯锚和加锚头（锚板）两种方式锚固。

弯折锚固长度 $= \max(l_{aE}, 0.4l_{abE} + 15d,$ 支座宽 $h_c -$ 保护层 $+15d)$

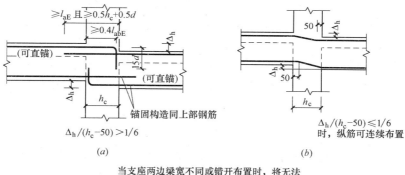

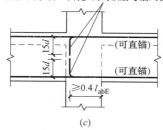

图 4-63 楼层框架梁 KL 中间支座纵向钢筋构造

(*a*) 节点 1；(*b*) 节点 2；(*c*) 节点 3

端支座加锚板时，梁纵筋伸至柱外侧纵筋内侧且伸入柱中长度≥$0.4l_{abE}$，同时在钢筋端头加锚头或锚板。

弯锚时，楼层框架梁上部贯通筋长度＝通跨净跨长 l_n＋左右锚入支座内长度 max (l_{aE}，$0.4l_{abE}$＋15d，支座宽－保护层＋15d)。钢筋端头加锚头或锚板时，楼层框架梁上、下部贯通筋长度＝通跨净跨长 l_n＋左右锚入支座内长度 max ($0.4l_{abE}$，支座宽－保护层)＋锚头长度。

（2）楼层框架梁下部非贯通筋长度计算

1）当梁端支座足够宽时，端支座下部钢筋直锚在支座内，端支座锚固长度为：max (l_{aE}，$0.5h_c$＋5d)，中间支座锚固长度为：max (l_{aE}，$0.5h_c$＋5d)。

边跨下部非贯通筋长度＝净跨 l_n＋中间支座锚固长度 max (l_{aE}，$0.5h_c$＋5d)＋端支座锚固长度 max (l_{aE}，$0.5h_c$＋5d)

中间跨下部非贯通筋长度＝净跨 l_n＋左支座锚固长度 max (l_{aE}，$0.5h_c$＋5d)＋右支座锚固长度 max (l_{aE}，$0.5h_c$＋5d)

2）当梁端支座不能满足直锚长度时，端支座下部钢筋应弯锚在支座内，端支座锚固长度为：

端支座锚固长度＝max (l_{aE}，$0.4l_{abE}$＋15d，支座宽－保护层厚度＋15d)，中间支座锚固长度为：max (l_{aE}，$0.5h_c$＋5d)

边跨下部非贯通筋长度＝净跨 l_n＋端支座锚固长度 max (l_{aE}，$0.4l_{abE}$＋15d，支座宽

－保护层厚度＋15d）＋中间支座锚固长度 max（l_{aE}，0.5h_c＋5d）

中间跨下部非贯通筋长度＝净跨 l_n＋左支座锚固长度 max（l_{aE}，0.5h_c＋5d）＋右支座锚固长度 max（l_{aE}，0.5h_c＋5d）

2. 支座负筋计算

端支座非贯通钢筋长度计算公式如下：

$$长度＝延伸长度＋锚固长度$$

端支座负筋长度：

$$第一排钢筋长度＝本跨净跨长/3＋端支座锚固值$$

$$第二排钢筋长度＝本跨净跨长/4＋端支座锚固值$$

$$第三排钢筋长度＝本跨净跨长/5＋端支座锚固值$$

中间支座非贯通钢筋长度计算公式如下：

$$长度＝延伸长度×2＋锚固长度$$

中间支座负筋长度：

$$第一排钢筋长度＝2×l_n/3＋支座宽度$$

$$第二排钢筋长度＝2×l_n/4＋支座宽度$$

$$第三排钢筋长度＝2×l_n/5＋支座宽度$$

式中 l_n——相邻梁跨大跨的净跨长；

端支座锚固值的取值同上部通长筋。

3. 架立筋计算

$$架立筋长度＝净跨－两边负筋长＋搭接长×2$$

4. 梁侧面纵筋计算

梁侧面纵筋包括构造钢筋和抗扭钢筋。梁侧面纵向构造筋和拉筋，如图 4-64 所示。

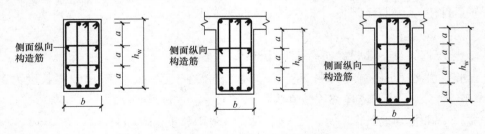

图 4-64 梁侧面纵向构造筋和拉筋

（1）构造钢筋。当梁净高 h_w≥450mm，在梁两个侧面沿高度配置纵向构造钢筋，且构造钢筋间距 a≤200mm。构造钢筋通过拉结钢筋固定。当梁宽≤350mm 时，拉结筋直径为 6mm；当梁宽＞350mm 时，拉结筋直径为 8mm，拉结钢筋间距为非加密区箍筋间距的 2 倍。当设有多排拉结筋时，上下两排拉结筋竖向错开设置。

$$侧面构造钢筋长度＝净跨长＋2×15d$$

（2）抗扭钢筋

$$侧面纵向抗扭钢筋长度＝净跨长度＋2×锚固长度$$

锚固长度取值：构造钢筋的锚固长度值为 $15d$。

受扭钢筋的锚固长度取值同框架梁下部纵筋，通常直锚取 max（$0.5h_c + 5d$，l_{aE}），弯锚取 $h_c - c + 15d$。

5. 拉筋计算

$$拉筋长度＝（梁宽－2×保护层）＋2×11.9d（弯钩值）＋2d$$

如果没有给定拉筋的布筋间距，拉筋的根数＝（箍筋根数/2）×（构造筋根数/2）；如果给定了拉筋间距，拉筋的根数＝布筋长度/布筋间距。

6. 箍筋计算

箍筋是主要用来固定主钢筋的位置而使梁内各种钢筋构成钢筋骨架的钢筋。框架梁箍筋加密区范围，如图 4-65 所示。

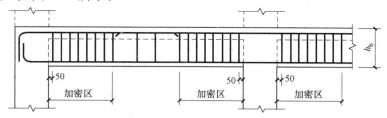

加密区：抗震等级为一级：$\geqslant 2.0h_b$ 且 $\geqslant 500$
　　　　抗震等级为二～四级：$\geqslant 1.5h_b$ 且 $\geqslant 500$

(a)

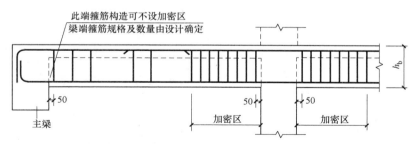

加密区：抗震等级为一级：$\geqslant 2.0h_b$ 且 $\geqslant 500$
　　　　抗震等级为二～四级：$\geqslant 1.5h_b$ 且 $\geqslant 500$

(b)

图 4-65　框架梁箍筋加密区范围

（a）框架梁箍筋加密区范围（一）；（b）框架梁箍筋加密区范围（二）

$$箍筋长度＝（梁宽－2×保护层＋梁高－2×保护层）＋2×11.9d＋8d$$

箍筋根数＝[（加密区长度－50）/加密区间距＋1]×2＋（非加密区长度/非加密区间距－1）

7. 次梁吊筋和附加箍筋

附加箍筋范围如图 4-66 所示，附加吊筋如图 4-67 所示。

主次梁斜交箍筋构造，如图 4-68 所示。

次梁吊筋＝次梁宽 b＋50×2＋2×（主梁高 h－2×保护层厚）/弯起角度的正弦值＋2×20×吊筋直径

弯起角度：梁高≤800 取 45°，梁高＞800 取 60°。

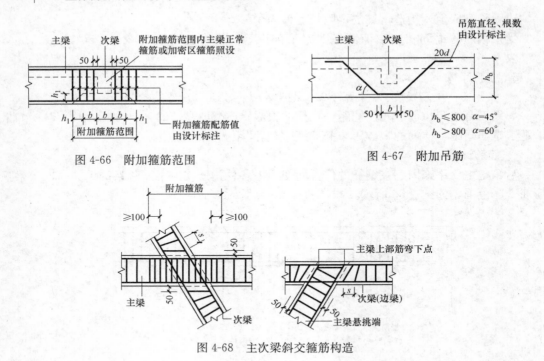

图 4-66 附加箍筋范围

图 4-67 附加吊筋

图 4-68 主次梁斜交箍筋构造

4.3.3 屋面框架梁构件钢筋计算

1. 屋面框架梁 WKL 纵向钢筋计算

屋面框架梁 WKL 纵向钢筋构造分为两种,即柱包梁和梁包柱,主要是端支座的锚固长度有所区别,具体采用何种方式,根据设计图柱钢筋顶层锚固方式确定。

(1) 上部纵筋端支座的锚固。屋面框架梁 WKL 纵向钢筋构造,如图 4-69 所示。

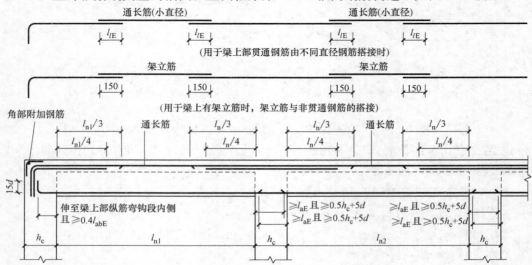

图 4-69 屋面框架梁 WKL 纵向钢筋构造

　　顶层端节点梁下部钢筋端头加锚头（锚板）锚固构造，如图 4-70 所示。顶层端支座梁下部钢筋直锚构造，如图 4-71 所示。

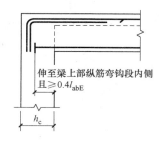

图 4-70　顶层端节点梁下部钢筋
端头加锚头（锚板）锚固

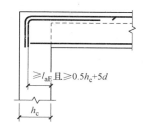

图 4-71　顶层端支座梁下部钢筋直锚

　　顶层中间节点梁下部筋在节点外搭接构造，如图 4-72 所示。

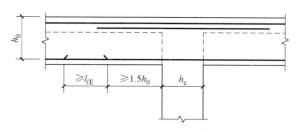

图 4-72　顶层中间节点梁下部筋在节点外搭接

　　1）屋面框架梁 WKL 纵向钢筋构造（一）（俗称"柱包梁"）。
　　　　端支座锚固长度＝（支座宽度 h_c－保护层）＋（梁高 h_b－保护层）
　　2）屋面框架梁 WKL 纵向钢筋构造（二）（俗称"梁包柱"）
　　　　　　端支座锚固长度＝支座宽度 h_c－保护层＋$1.7l_{aE}$

　　梁上部纵筋配筋＞1.2％时，第一批梁上部纵筋端支座锚固长度＝支座宽度 h_c－保护层＋$1.7l_{aE}$。

　　第二批梁上部纵筋端支座锚固长度＝支座宽度 h_c－保护层＋$1.7l_{aE}$＋$20d$。

　　（2）下部纵筋端支座的锚固。端支座无直锚，均伸至柱对边弯折 $15d$（不管柱宽是否够锚固长度）。

　　（3）中间支座变截面的锚固。WKL 中间支座纵向钢筋构造，如图 4-73 所示。

　　梁顶高差 c/h_b≥1/6，上部纵筋：
　　　　　　高跨钢筋锚固长度＝h_c－保护层 c＋（梁顶高差＋$15d$）
　　　　　　　低跨钢筋锚固长度＝$1.6l_{aE}$

2. 屋面框架梁上部贯通筋长度计算

　　屋面框架梁上部贯通筋长度＝通跨净长＋（左端支座宽－保护层）＋（右端支座宽－保护层）＋弯折(梁高－保护层)×2

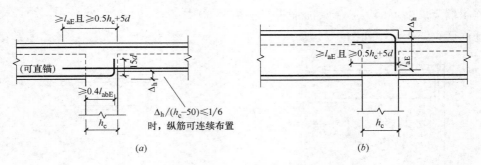

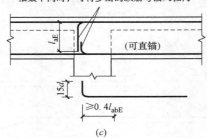

图 4-73　WKL 中间支座纵向钢筋构造

（a）节点 1；（b）节点 2；（c）节点 3

3. 屋面框架梁端支座负筋弯折长度计算

屋面框架梁上部第一排端支座负筋长度＝净跨 $l_{n1}/3$＋（左端支座宽-保护层）＋弯折（梁高－保护层）

屋面框架梁上部第二排端支座负筋长度＝净跨 $l_{n1}/4$＋（左端支座宽-保护层）＋弯折（梁高－保护层）

4.3.4　框支梁构件钢筋计算

由于建筑功能的要求，下部大空间、上部部分竖向构件不能直接连续贯通落地，而通过水平转换结构与下部竖向构件连接。当布置的转换梁支撑上部的结构为剪力墙的时候，转换梁称为框支梁。框架梁是与框架柱共同构成框架结构的。而框支梁和转换柱构成一个（下面的）框架结构和（上面的）剪力墙结构之间的"结构转换层"。16G101-1 图集第 96 页给出了框支梁 KZL、转换柱 ZHZ 配筋构造，如图 4-74、图 4-75 所示。

框支梁 KZL 上部墙体开洞部位加强做法，如图 4-76 所示。托柱转换梁 TZL 托柱位置箍筋加密构造，如图 4-77 所示。

4.3.5　非框架梁构件钢筋计算

非框架梁配筋构造，如图 4-78 所示。当梁上部有通长钢筋时，连接位置宜位于跨中 $l_{ni}/3$ 范围内；梁下部钢筋连接位置宜位于支座 $l_{ni}/4$ 范围内；而且，在同一连接区段内钢

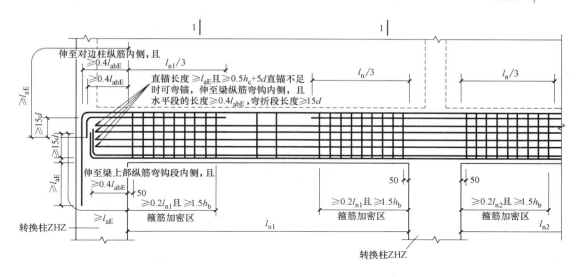

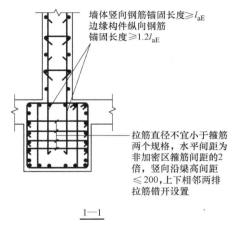

图 4-74　框支梁 KZL 配筋构造（也可用于托柱转换梁 TZL）

筋接头面积百分率不宜大于 50%。

受扭非框架梁纵筋构造，如图 4-79 所示。

非框架梁 L 中间支座纵向钢筋构造，如图 4-80 所示。

1. 直形非框架梁钢筋计算

$$下部非贯通筋直锚长度＝通跨净长＋12d$$

当梁配有受扭纵向钢筋时，梁下部纵筋锚入支座的长度为 l_a，在端支座直锚长度不足时可弯锚，伸入支座水平长度 $\geqslant 0.6l_{ab}$，垂直弯锚长度为 $15d$。

下部非贯通筋弯锚长度＝通跨净长＋$\max(l_a，0.4l_{ab}＋15d，支座宽－保护层＋15d)$＋$12d$

端支座第一排负筋长度＝净跨 $l_{n1}/3$＋$\max(l_a，0.4l_{ab}＋15d，支座宽－保护层＋15d)$

端支座第二排负筋长度＝净跨 $l_{n1}/4$＋$\max(l_a，0.4l_{ab}＋15d，支座宽－保护层＋15d)$

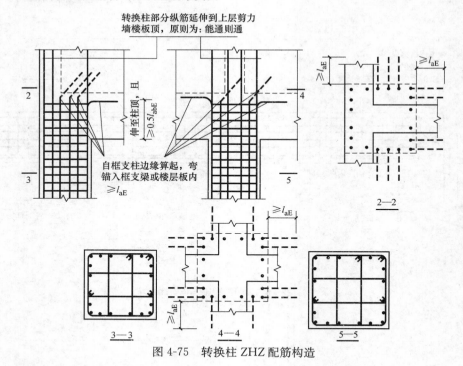

图 4-75 转换柱 ZHZ 配筋构造

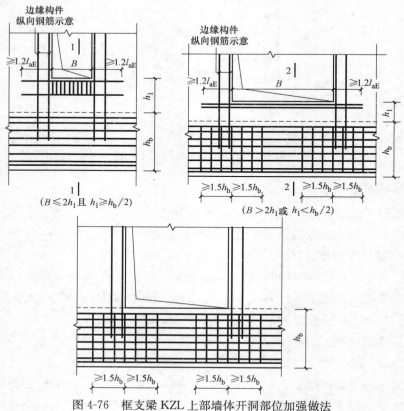

图 4-76 框支梁 KZL 上部墙体开洞部位加强做法

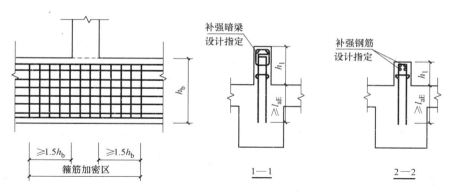

图 4-77 托柱转换梁 TZL 托柱位置箍筋加密构造

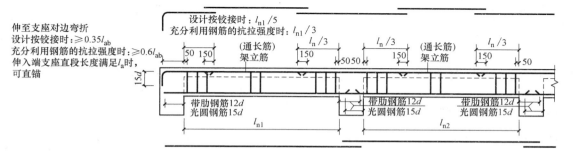

图 4-78 非框架梁配筋构造

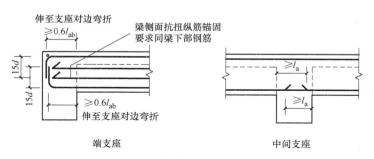

图 4-79 受扭非框架梁纵筋构造

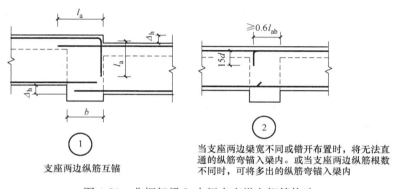

图 4-80 非框架梁 L 中间支座纵向钢筋构造

2. 弧形非框架梁钢筋计算

下部非贯通筋直锚长度＝通跨净长＋$2l_a$

下部非贯通筋弯锚长度＝通跨净长＋$\max(l_a, 0.4l_{ab}+15d, 支座宽-保护层+15d)+l_a$

端支座负筋长度＝净跨$l_{n1/3}+\max(l_a, 0.4l_{ab}+15d, 支座宽-5d)$

端支座第二排负筋长度＝净跨$l_{n1/4}+\max(l_a, 0.4l_{ab}+15d, 支座宽-保护层+15d)$

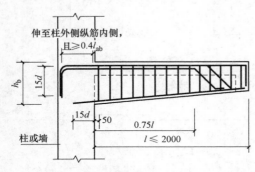

图4-81　纯悬挑梁 XL 配筋构造

4.3.6　悬挑梁构件钢筋计算

悬挑梁分为纯悬挑梁和各类梁的悬挑端两种形式。

1. 纯悬挑梁

纯悬挑梁 XL 配筋构造，如图4-81所示。

2. 各类梁的悬挑端

各类梁的悬挑端配筋构造，如图4-82所示。

4.3.7　梁构件钢筋工程量清单实例

【例4-12】　楼层框架梁 KL1 的平法表示，如图4-83所示，KL1 的纵筋直锚构造，如图4-84所示。只有上下通长筋，而且柱子截面较大，保护层厚度为20mm，混凝土强度等级为 C30，二级抗震等级，采用 HRB335 级钢筋。试计算上下通长筋的工程量。

【解】　首先要判断钢筋是否直锚在端支座内。

由图4-84可知，在柱子宽h_c－保护层≥l_{aE}时，纵筋直锚在端支座里。

支座宽h_c＝1000mm，l_{abE}＝33d

锚固长度l_{aE}＝1.15×1×33×25≈950mm

柱子宽h_c－保护层＝1000－20＝980mm

因为柱子宽h_c－保护层＞l_{abE}，所以判断纵向钢筋必须直锚。

1. 上部通长筋长度计算

$0.5h_c+5d$＝0.5×1000＋5×25＝625mm

楼层框架梁上部贯通钢筋长度＝跨净长l_n＋左锚入支座内长度$\max(l_{aE}, 0.5h_c+5d)$＋右锚入支座内长度$\max(l_{aE}, 0.5h_c+5d)$＝(6000－500－500)＋$\max(950, 625)$＋$\max(950, 625)$＝5000＋950＋950＝6900mm

工程量＝6.9×2×3.853＝53.17kg＝0.053t

2. 下部通长筋长度计算

下部通长筋的计算方法与上部通长筋计算一样。

楼层框架梁下部贯通钢筋长度＝跨净长l_n＋左锚入支座内长度$\max(l_{aE}, 0.5h_c+5d)$＋右锚入支座内长度$\max(l_{aE}, 0.5h_c+5d)$＝(6000－500－500)＋$\max(840, 625)$＋$\max(840, 625)$＝5000＋840＋840＝6680mm

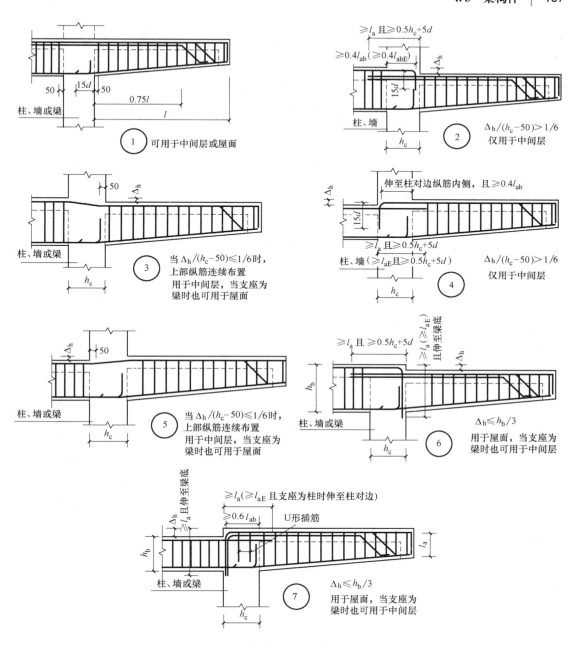

图 4-82　各类梁的悬挑端配筋构造

工程量＝6.9×4×3.853＝106.34kg＝0.106t

【例 4-13】　某些 KL1 平法施工图如图 4-85 所示。混凝土强度等级为 C30，一级抗震，钢筋定尺长度 8m。试计算其钢筋工程量，并编制工程量清单。

【解】

Φ12 钢筋单位理论质量为 0.888kg/m；

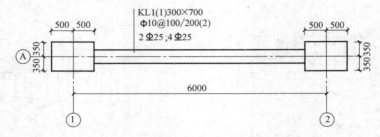

图 4-83　楼层框架梁 KL1 的平法示意图

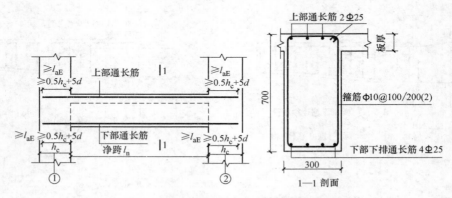

图 4-84　楼层框架梁 KL1 纵筋直锚构造图

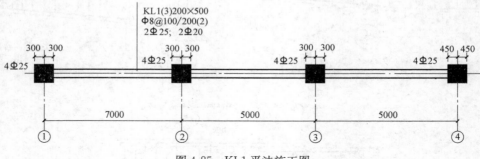

图 4-85　KL1 平法施工图

Φ20 钢筋单位理论质量为 2.466kg/m；

Φ25 钢筋单位理论质量为 3.853kg/m。

钢筋计算参数：柱保护层厚度 $c=30$mm，梁保护层 $=25$mm，$l_{aE}=34d$，箍筋起步距离 $=50$mm。

1. 上部通长筋 2Φ25

判断两端支座锚固方式：左端支座 $600<l_{aE}$，因此左端支座内弯锚；右端支座 $900>l_{aE}$，因此右端支座内直锚。

上部通长筋长度 $=7000+5000+5000-300-450+(600-30+15d)+\max(34d,300+5d)=18045$mm

（焊接）接头个数 $=18045/8000-1=2$ 个，只计算接头个数，不考虑实际连接位置，小数值均向上进位。

2. 负筋

（1）支座 1 负筋 2Φ25

左端支座锚固同上部通长筋。

跨内延伸长度 $l_n/3$，端支座 l_n 为该跨净跨值，中间支座 l_n 为支座两边较大的净跨值。

支座负筋长度＝600－30＋15d＋(7000－600)/3＝3079mm

（2）支座 2 负筋 2Φ25

两端延伸长度＝2×(7000－600)/3＝4267mm

（3）支座 3 负筋 2Φ25

两端延伸长度＝2×(5000－750)/3＝2833mm

（4）支座 4 负筋 2Φ25

右端支座锚固同上部通长筋：跨内延伸长度 $l_n/3$

支座负筋长度＝max(34×25,300＋5×25)＋(5000－750)/3＝2267mm

3. 下部通长筋 2Φ20

判断两端支座锚固方式。

左端支座 600＜l_{aE}，因此左端支座内弯锚；右端支座 900＞l_{aE}，因此右端支座内直锚。

下部通长筋长度＝7000＋5000＋5000－300－450＋(600－30＋15d)＋max(34d,300＋5d)＝17800mm

接头个数＝17800/8000－1＝2 个

4. 箍筋Φ8@100/200(2)

箍筋长度＝(200－2×25)×2＋(500－2×25)×2＋2×11.9×8＝1390mm

每跨箍筋根数计算如下：

（1）第一跨

箍筋加密区长度＝2×500＝1000mm(一级抗震箍筋加密区为 2 倍梁高)

加密区根数＝2×[(1000－50)/100＋1]＝21 根

非加密区根数＝(7000－600－2000)/200－1＝21 根

第一跨箍筋根数合计＝21＋21＝42 根

（2）第二跨

加密区根数＝2×[(1000－50)/100＋1]＝21 根

非加密区根数＝(5000－600－2000)/200￫1＝11 根

第二跨箍筋根数合计＝21＋11＝32 根

（3）第三跨

加密区根数＝2×[(1000－50)/100＋1]＝21 根

非加密区根数＝(5000－750－2000)/200－1＝11 根

第三跨箍筋根数合计＝21＋11＝32 根

总根数合计＝42＋32＋3 2＝106 根

5. 钢筋工程量合计

Φ25 钢筋工程量＝（18.045＋3.079＋4.267＋2.833＋2.267）×2×3.853＝234.96kg＝0.234t

Φ20 钢筋工程量＝17.8×2×2.466＝87.79kg＝0.088t

Φ8 钢筋工程量＝1.390×106×0.395＝58.20kg＝0.058t

分部分项工程量清单见表4-26。

分部分项工程量清单 表 4-26

序号	项目编码	项目名称	项目特征	计量单位	工程量
1	010515001001	现浇构件钢筋	Φ25	t	0.234
2	010515001002	现浇构件钢筋	Φ20	t	0.088
3	010515001003	现浇构件钢筋	Φ8	t	0.058

【例 4-14】 某非框架梁 L4 为单跨梁，轴线跨度为 4300mm，支座 KL1 为 400mm×700mm，正中：

集中标注的箍筋为：Φ8@200（2）；

集中标注的上部钢筋为：2Φ14；

左右支座的原位标注为：3Φ20；

混凝土强度等级 C25，二级抗震等级。

试计算 L4 的架立筋工程量，并编制工程量清单。

【解】

l_{nl}＝4300－400＝3900mm

架立筋长度＝$l_{nl}/3$＋150×2＝3900/3＋150×2＝1600mm

架立筋的根数＝2 根

工程量＝1.6×2×1.208＝3.87kg＝0.004t

分部分项工程量清单见表4-27。

分部分项工程量清单 表 4-27

序号	项目编码	项目名称	项目特征	计量单位	工程量
1	010515001001	现浇构件钢筋	Φ14	t	0.004

【例 4-15】 某 WKL1 平法施工图如图 4-86 所示。混凝土强度等级为 C30，抗震等级为一级，钢筋定尺长度为 9m。试计算其钢筋工程量，并编制工程量清单。

【解】

Φ12 钢筋单位理论质量为 0.888kg/m；

Φ20 钢筋单位理论质量为 2.466kg/m；

Φ25 钢筋单位理论质量为 3.853kg/m。

钢筋计算参数：柱保护层厚度 c＝30mm，梁保护层＝25mm，l_{aE}＝34d，

箍筋起步距离＝50mm，锚固方式采用"梁包柱"方式。

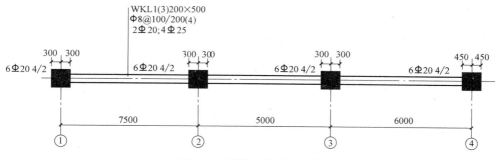

图 4-86　WKL1 平法施工图

1. 上部通长筋 2Φ20

按梁包柱锚固方式，两端均伸至端部下弯 $1.7l_{aE}$

上部通长筋长度＝$7500+5000+6000+300+450-60+2×1.7l_{aE}＝21502mm$

接头个数＝$21502/9000-1＝2$ 个，只计算接头个数，不考虑实际连接位置，小数值均向上进位。

2. 支座负筋Φ20

（1）支座 1 负筋

上排 2Φ20，下排 2Φ20

左端支座锚固同上部通长筋。

跨内延伸长度：上排 $l_n/3$，下排 $l_n/4$

l_n：端支座为该跨净跨值，中间支座为支座两边较大的净跨值

上排支座负筋长度＝$1.7l_{aE}+(7500-600)/3+600-30＝4026mm$

下排支座负筋长度＝$1.7l_{aE}+(7500-600)/4+600-30＝3451mm$

（2）支座 2 负筋Φ20

上排 2Φ20，下排 2Φ20

上排支座负筋长度＝$2×(7500-600)/3＝4600mm$

下排支座负筋长度－$2×(7500-600)/4＝3450mm$

（3）支座 3 负筋

上排 2Φ20，下排 2Φ20

上排支座负筋长度＝$2×(6000-750)/3＝3500mm$

下排支座负筋长度＝$2×(6000-750)/4＝2625mm$

（4）支座 4 负筋

上排 2Φ20，下排 2Φ20

右端支座锚固同七部通长筋。

跨内延伸长度：上排 $l_n/3$，下排 $l_n/4$

上排支座负筋长度＝$1.7l_{aE}+(6000-750)/3+900-30＝3776mm$

下排支座负筋长度＝$1.7l_{aE}+(6000-750)/4+900-30＝3339mm$

3. 下部通长筋 4Φ25

两端支座弯锚：伸到对边弯折 15d

上部通长筋长度＝7500＋5000＋6000＋300＋450－60＋2×15d＝19940mm

接头个数＝19940/9000－1＝2个

4. 箍筋Φ8@100/200(4)

箍筋长度（4 肢箍）

外大箍筋长度＝(200－2×25)×2＋(500－2×25)×2＋2×11.9×8＝1390mm

里小箍筋长度＝2×{[(200－2×25－25)/3＋25]＋(500－2×25)}＋2×11.9×8＝1224mm(纵向)

里小箍筋长度＝2×{[(500－2×25－25)/3＋25]＋(200－2×25)}＋2×11.9×8＝824mm(横向)

每跨箍筋根数计算如下：

箍筋加密区长度＝2×500＝1000mm（一级抗震箍筋加密区为 2 倍梁高）

第一跨：加密区根数 2×[(1000－50)/100＋1]＝21 根

非加密区根数＝(7500－600－2000)/200＝25 根

第一跨根数合计＝21＋25＝46 根

第二跨：加密区根数＝2×[(1000－50)/100＋1]＝21 根

非加密区根数＝(5000－600－2000)/200－1＝11 根

第二跨根数合计＝21＋11＝32 根

第三跨：加密区根数＝2×[(1000－50)/100＋1]＝21 根

非加密区根数＝(6000－750－2000)/200－1＝16 根

第三跨根数合计＝21＋16＝37 根

总根数合计＝46＋32＋37＝115 根

5. 钢筋质量合计

Φ25 钢筋工程量＝19.94×4×3.853＝307.32kg＝0.307t

Φ20 钢筋工程量＝(4.026＋3.451＋4.6＋3.45＋3.5＋2.625＋3.776＋3.339)×2×2.466＝141.88kg＝0.142t

Φ8 钢筋工程量＝(1.39＋1.224＋0.824)×115×0.395＝156.17kg＝0.156t

分部分项工程量清单见表4-28。

分部分项工程量清单　　　　　　　　　　　　　　　　表 4-28

序号	项目编码	项目名称	项目特征	计量单位	工程量
1	010515001001	现浇构件钢筋	Φ25	t	0.307
2	010515001002	现浇构件钢筋	Φ20	t	0.142
3	010515001003	现浇构件钢筋	Φ8	t	0.156

【例 4-16】 某一屋面框架梁 WKL1 的平法表示，如图 4-87 所示。保护层厚度为 25mm，每 8000mm 搭接一次，混凝土强度等级为 C35，一级抗震等级，采用 HRB335 级钢筋。试计算该屋面框架梁钢筋的工程量。

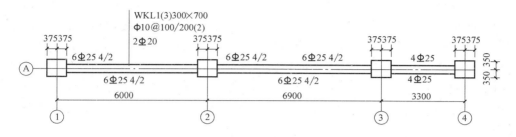

图 4-87　屋面框架梁 WKL1 的平法示意图

【解】

1. 上部通长筋的计算

屋面框架梁上部贯通筋长度＝通跨净长＋（左端支座宽－保护层）＋（右端支座宽－保护层）＋弯折（梁高－保护层）×2＝（6000＋6900＋3200－375－375）＋（750－25）＋（750－25）＋（700－25）×2＝18150mm

工程量＝18.15×2×3.853＝139.86

2. 第一跨下部钢筋计算

$l_{abE}=31d=31×25=775$mm

支座宽 h_c－保护层＝750－25＝725mm

因为支座宽 h_c－保护层$<l_{aE}$，所以判断纵向钢筋必须弯锚。

左支座锚固＝$\max(0.4l_{abE}+15d,$支座宽 h_c－保护层＋$15d)$

＝$\max(0.4×31×25+15×25,750-25+15×25)=1100$mm

右支座锚固＝$\max(l_{aE},0.5h_c+5d)=\max(775,0.5×750+5×25)=775$mm

第一跨下部钢筋长度＝通跨净长＋左支座锚固＋右支座锚固＝（6000－375－375）＋1100＋775＝7125mm

3. 第二跨下部钢筋计算

左、右支座锚固＝$\max(l_{aE},0.5h_c+5d)=\max(775,0.5×750+5×25)=775$mm

第二跨下部钢筋长度＝通跨净长＋左支座锚固＋右支座锚固＝（6900－375－375）＋775＋775＝7700mm

4. 第三跨下部钢筋计算

左支座锚固＝$\max(l_{aE},0.5h_c+5d)-\max(775,0.5×750+5×25)=775$mm

右支座锚固＝$\max(0.42l_{abE}+15d,$支座宽 h_c－保护层＋$15d)=\max(0.4×31×25+15×25,750-25+15×25)=1100$mm

第三跨下部钢筋长度＝通跨净长＋左支座锚固＋右支座锚固＝（3300－375－375）＋

775＋1100＝4425mm

5. 第三跨跨中钢筋计算

右锚固长度＝（支座宽－保护层）＋（梁高－保护层）＝（750－25）＋（700－25）＝1400mm

第三跨跨中钢筋长度＝第三跨净跨长＋支座宽＋第二跨净跨长/3＋右锚固长度＝（3300－375－375）＋750＋（6900－375－375）/3＋1400＝6750mm

工程量＝（7.125＋7.7＋4.425＋6.75）×2×2.466＝128.232kg＝0.128t

【例 4-17】 某 L1 平法施工图，如图 4-88 所示。混凝土强度等级为 C30，一级抗震，钢筋定尺长度 9m。试计算其钢筋工程量，并编制工程量清单。

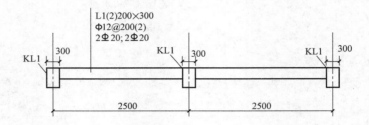

图 4-88 某 L1 平法施工图

【解】

Φ12 钢筋单位理论质量为 0.888kg/m

Φ20 钢筋单位理论质量为 2.466kg/m

钢筋计算参数：梁保护层 25mm，$l_a＝30d$

1. 上部钢筋 2Φ20

两端支座锚固，伸至主梁外边弯折 $15d$

上部钢筋长度＝5000＋300－50＋2×15d＝5850mm

2. 下部钢筋 2Φ20

两端支座锚固：12d

上部钢筋长度＝5000－300＋2×12d＝5180mm

3. 双肢箍

箍筋长度(2 肢箍)＝(200－2×25)×2＋(300－2×25)×2＋2×11.9×12＝1085.6mm

箍筋根数：第一跨根数＝(2500－300－50)/200＋1＝12 根

第二跨根数＝(2500－300－50)/200＋1＝12 根

Φ20 钢筋总工程量＝(5.85＋5.18)×2×2.466＝54.40kg＝0.054t

Φ12 钢筋总工程量＝1.086×(12＋12)×0.888＝23.14kg＝0.023t

4. 工程量清单编制

分部分项工程量清单见表 4-29。

表 4-29

分部分项工程量清单

序号	项目编码	项目名称	项目特征	计量单位	工程量
1	010515001001	现浇构件钢筋	Φ20	t	0.054
2	010515001002	现浇构件钢筋	Φ12	t	0.023

【例 4-18】 某混凝土工程框架梁 KL1-13 配筋, 如图 4-89 所示。通过阅读图纸可知, 该工程混凝土强度等级 C30, 一类环境, 建筑物抗震设防类别乙类, 抗震设防烈度 6 度, 框架柱截面尺寸为 450mm×450mm, 角筋直径 20mm。试计算该构件的工程量, 并编制该构件钢筋工程量清单。

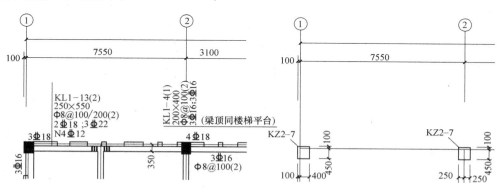

图 4-89 某混凝土工程框架梁 KL1-13 配筋 (局部)

【解】

该梁配筋内容如下:

(1) 箍筋采用 Φ8@100/200(2), 即 HPB300 级钢筋, $d=8mm$, 加密区间距 100mm, 非加密区间距 200mm, 两肢箍。

(2) 梁的上部通长纵筋 2Φ18; 梁的下部通长纵筋 3Φ22。

(3) 梁上部负弯矩筋采用 3Φ18。

(4) 受扭钢筋采用 4Φ12, 每边两根。

下面进行钢筋工程量计算。

1. 梁的上部通长纵筋 2Φ18 工程量的统计

梁上部通长钢筋的长度 L=通跨净跨长+首尾端支座锚固值

$$l_{aE}=37d=37\times18=666mm$$

计算梁上部纵筋的锚固长度 $0.5h_c+5d=0.5\times450+5\times18=315mm$

柱的尺寸是 500mm×500mm, 不满足直锚要求, 所以应下弯入柱内 15d, 即 15×18=270mm。

端部纵筋的锚固长度为: 柱宽-保护层厚度+弯入柱内长度 15d=500-30+270=740mm

中间支座梁上部纵筋伸入跨内 $l_n/3$, 其中 $l_n=7550-(400+250)=6900mm$, 6900/3=2300mm, 即中间支座梁上部纵筋伸入跨内 2300mm。

中间支座梁上部纵筋锚固长度＝柱宽＋$l_n/3$＝450＋2300＝2750mm

梁的上部通长纵筋 2Φ18 的长度＝2×(6900＋740＋2750)＝20780mm＝20.78m

工程量＝20.78m×1.998kg/m＝41.52kg＝0.042t

2. 梁的下部纵向钢筋 3Φ22 的计量

下部钢筋长度＝净跨长＋左右支座锚固值

对于梁的下部纵向钢筋，l_{aE}＝37d＝37×22＝814mm

验算梁的下部纵向钢筋在端部不满足直锚要求，所以梁的下部纵向钢筋在端部锚固长度是：

h_c＝保护层厚度－柱纵筋直径＝500－30－20＋15d＝780mm＞0.4l_{aE}＝0.4×814＝325.6mm

中间支座梁的下部纵向钢筋锚固长度是 max (l_{aE}，0.5h_c＋5d)，取 l_{aE}＝814mm

所以，梁的下部纵向钢筋 3Φ22 的长度＝3×(6900＋780＋814)＝25482mm＝25.482m

工程量＝25.482m×2.984kg/m＝76.04kg＝0.076t

3. 梁端上部负弯矩筋 3Φ18

梁上部负弯矩筋 3Φ18，施工时一般这样放置：上排 1Φ18，中间位置；下排 2Φ18，一边一根，而端支座负筋长度：第一排为 $l_n/3$＋端支座锚固值；第二排为 $l_n/4$＋端支座锚固值

梁上部负弯矩筋 3Φ18 的长度 L＝$l_n/3$＋端支座锚固值＋2×($l_n/4$＋端支座锚固值)＝6900/3＋740＋2×(6900/4＋740)＝7970mm＝7.97m

工程量＝7.97m×1.998kg/m＝15.92kg＝0.016t

注：端支座锚固值 740mm，详见上部纵筋端部锚固值的计算。

4. 受扭钢筋 4Φ12

受扭钢筋的锚固长度取 l_{aE}，l_{aE}＝37d＝37×12＝444mm

端部满足直锚要求，所以端部支座锚固长度取 l_{aE} 即 444mm，中间支座锚固长度取 l_{aE} 即 444mm

受扭钢筋 4Φ12 的长度 L＝4×(6900＋2×444)＝31152mm＝31.152m

工程量＝31.152m×0.888kg/m＝27.66kg＝0.028t

5. 箍筋 [ϕ8@100/200(2)] 的计算

框架梁箍筋加密区≥1.5h_b≥500mm，此处的 h_b 指的是梁截面高度，本题中 h_b 为 550mm。所以，本道例题中，箍筋加密区取 1.5h_b，即 825mm。

$\qquad$ 箍筋长度＝(梁宽－2×保护层＋梁高－2×保护层)×2＋2×11.9d＋8d $\qquad$ ①

$\qquad$ 箍筋根数＝加密区长度/加密区间距＋非加密区长度/非加密区间距＋1 $\qquad$ ②

应注意的是：因为构件扣减保护层时，都是扣至纵筋的外皮，因此拉筋和箍筋在每个保护层处均被多扣掉了直径值，造价人员在计算钢筋长度时，都是按照外皮计算的，所以应将多扣掉的长度计入，拉筋计算时可以增加 2d，箍筋计算时增加 8d。

由式②得，箍筋的根数为：

$$n=[(825+825-2\times50)\div100+(6900-2\times825)\div200]+1=43 \text{ 根}$$

由式①得，箍筋的长度为：

$$L=[(250-2\times30)+(550-2\times30)]\times2+2\times11.9d+8d=1614.4\text{mm}=1.6144\text{m}$$

$$箍筋工程量=43\times1.6144\text{m}\times0.395\text{kg/m}=27.42\text{kg}=0.027\text{t}$$

工程量清单编制见表 4-30。

分部分项工程量清单 表 4-30

序号	项目编码	项目名称	项目特征	计量单位	工程量
1	010515001001	现浇构件钢筋	现浇混凝土梁钢筋：HRB400 级 $d=18$mm	t	0.058
2	010515001002	现浇构件钢筋	现浇混凝土梁钢筋：HRB400 级 $d=22$mm	t	0.076
3	010515001003	现浇构件钢筋	现浇混凝土梁钢筋：HRB400 级 $d=12$mm	t	0.028
4	010515001004	现浇构件钢筋	现浇混凝土梁箍筋 HPB300 级 Φ8	t	0.027

【例 4-19】 某现浇钢筋混凝土梁①筋采用后张法预应力钢筋，其配筋如图 4-90 所示，试计算其钢筋工程量，并编制工程量清单。

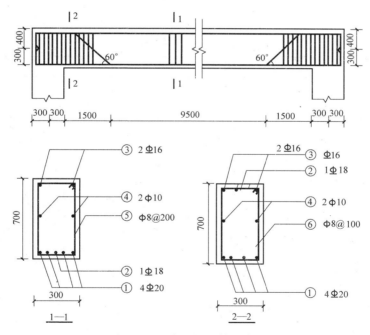

图 4-90 混凝土梁配筋示意图

【解】

1. 工程量计算

Φ8 钢筋单位理论质量为 0.395kg/m

Φ10 钢筋单位理论质量为 0.617kg/m

Φ16 钢筋单位理论质量为 1.578kg/m

Φ18 钢筋单位理论质量为 1.598kg/m

Φ20 钢筋单位理论质量为 2.466kg/m

①号钢筋Φ20：$(13.7+0.35)×4×2.466=138.589kg=0.139t$

②号钢筋Φ18：$(13.7-0.05+0.4×2+0.58×0.63×2)×2×1.598=48.517kg=0.049t$

③号钢筋Φ16：$(13.7-0.05+0.4×2)×1.578×2=45.604kg=0.046t$

④号钢筋Φ10：

$(13.7-0.05)×2×0.617=16.844kg=0.017t$

⑤号钢筋Φ8：

$\left(\dfrac{9500}{200}+1\right)×(0.7+0.3)×2×0.395=38.315kg$

⑥号钢筋Φ8：

$(1500+300+300)÷100×(0.7+0.3)×2×0.395×2=33.18kg$

⑤号钢筋+⑥号钢筋$=38.315+33.18=71.495kg=0.071t$

2. 工程量清单编制

工程量清单编制见表 4-31。

分部分项工程量清单　　　　　　　　　　　　　　　　表 4-31

序号	项目编码	项目名称	项目特征	计量单位	工程量
1	010515006001	后张法预应力钢筋	Φ20	t	0.139
2	010515001001	现浇构件钢筋	Φ18	t	0.049
3	010515001002	现浇构件钢筋	Φ16	t	0.046
4	010515001003	现浇构件钢筋	Φ10	t	0.017
5	010515001004	现浇构件钢筋	Φ8	t	0.071

【例 4-20】 某 L 形预制梁如图 4-91 所示，试计算其钢筋工程量，并编制工程量清单。

【解】

1. 工程量计算

Φ6 钢筋单位理论质量为 0.222kg/m

Φ12 钢筋单位理论质量为 0.888kg/m

Φ22 钢筋单位理论质量为 2.984kg/m

钢筋用量计算如下：

①号钢筋Φ12 钢筋工程量$=3.55×2×0.888=6.3kg=0.006t$

②号钢筋Φ22 钢筋工程量$=2.72×2×2.984=16.23kg=0.016t$

③号钢筋Φ12 钢筋工程量$=3.55×3×0.888=9.46kg=0.009t$

④号钢筋Φ22 钢筋工程量$=(3.55+6.25×0.022×2)×2×2.984=22.83kg=0.023t$

⑤号钢筋Φ6 钢筋工程量$=(3.6÷0.2+1)×1.304×0.222=5.5kg=0.006t$

⑥号钢筋Φ6 钢筋工程量$=(3.6÷0.2+1)×1.004×0.222=4.23kg=0.004t$

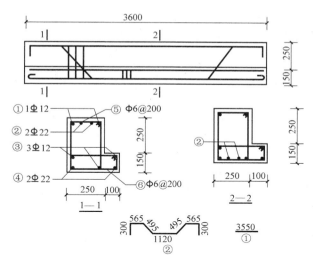

图 4-91 L 形预制梁及配筋示意图

Φ6 钢筋总工程量＝0.006＋0.004＝0.010t

Φ12 钢筋总工程量＝0.006＋0.009＝0.015t

Φ22 钢筋总工程量＝0.016＋0.023＝0.039t

2. 工程量清单编制

工程量清单编制见表 4-32。

分部分项工程量清单   表 4-32

序号	项目编码	项目名称	项目特征	计量单位	工程量
1	010515002001	预制构件钢筋	Φ6	t	0.010
2	010515002002	预制构件钢筋	Φ12	t	0.015
3	010515002003	预制构件钢筋	Φ22	t	0.039

【**例 4-21**】 某建筑多跨楼层框架梁 KL1，如图 4-92 所示。混凝土强度等级为 C30，抗震等级为一级，钢筋连接采用对焊方式。梁纵筋保护层厚度为 25mm，柱纵筋保护层厚度为 30mm。试计算其钢筋量，并编制工程量清单。

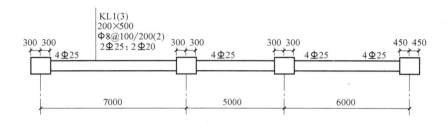

图 4-92 框架梁 KL1 的平法图

【**解**】

根据已知条件可得 $l_{aE}＝33d$。

1. 上部通长钢筋长度 (2Φ25)

单根长度 $l_1 = l_n +$ 左锚固长度 + 右锚固长度

判断是否弯锚：

左支座直段长度 $= 600 - 30 - 20 - 25 = 525mm < l_{aE} = 33d = 33 \times 25 = 825mm$，所以左支座为弯锚。

右支座直段长度 $= 525 + 300 = 825mm = l_{aE} = 825mm$，所以右支座为直锚。

当弯锚时锚固长度 $= 600 - 30 - 20 - 25 + 15d = 525 + 15 \times 25 = 900mm$

当直锚时锚固长度 $= \max(l_{aE}, 0.5h_c + 5d) = \max(825, 0.5 \times 900 + 5 \times 25) = 825mm$

单根长度 $l_1 = 7000 + 5000 + 6000 - 300 - 450 + 900 + 825 = 18975mm$

工程量 $= 18.975 \times 2 \times 3.853 = 146.22kg = 0.146t$

2. 下部通长钢筋长度 (2Φ20)

单根长度 $l_2 = l_n +$ 左锚固长度 + 右锚固长度

左支座为弯锚，右支座为直锚。

单根长度 $l_2 = 7000 + 5000 + 6000 - 300 - 450 + 525 + 15 \times 20 + 33 \times 20 = 18735mm$

工程量 $= 18.735 \times 2 \times 2.466 = 92.40kg = 0.092t$

3. 一跨左支座负筋长度 (2Φ25)

根据以上计算可知，该筋在支座处也为弯锚，而且锚固长度为：

$600 - 30 - 20 - 25 + 15 \times 25 = 900mm$

单根长度 $l_3 = l_n/3 +$ 锚固长度 $= (7000 - 600)/3 + 900 = 3033mm$

工程量 $= 3.033 \times 2 \times 3.853 = 23.37kg = 0.023t$

4. 一跨箍筋Φ8@100/200(2) 按外皮长度

单根箍筋的长度 $l_4 = [(b - 2c + 2d) + (h - 2c + 2d)] \times 2 + 2 \times [\max(10d, 75) + 1.9d] = [(200 - 2 \times 25 + 2 \times 8) + (500 - 2 \times 25 + 2 \times 8)] \times 2 + 2 \times [\max(10 \times 8, 75) + 1.9 \times 8] = 1454.4mm$

箍筋加密区的长度 $= \max(2h_b, 500) = 1000mm$

箍筋的根数 = 加密区箍筋的根数 + 非加密区箍筋的根数 $= [(1000 - 50)/100 + 1] \times 2 + (7000 - 600 - 2000)/200 - 1 = 42$ 根

工程量 $= 1.4544 \times 42 \times 0.395 = 24.13kg = 0.024t$

5. 二跨左支座负筋 2Φ25

单根长度 $l_5 = l_n/3 \times 2 +$ 支座宽度 $= (7000 - 600)/3 \times 2 + 600 = 4867mm$

工程量 $= 4.867 \times 2 \times 3.853 = 37.51kg = 0.038t$

6. 二跨右支座负筋 2Φ25

单根长度 $l_6 = l_n/3 \times 2 +$ 支座宽度 $= 5250/3 \times 2 + 600 = 4100mm$

工程量 $= 4.1 \times 2 \times 3.853 = 31.59kg = 0.032t$

7. 二跨箍筋Φ8@100/200(2)

单根长度 $l_7 = 1.4544m$

根数＝[(1000－50)/100＋1]×2＋(5000－600－2000)/200－1＝32 根

工程量＝1.4544×32×0.395＝18.38kg＝0.018t

8. 三跨右支座负筋 2Φ25

$l_8＝5250/3＋825＝2575mm$

工程量＝2.575×2×3.853＝19.84kg＝0.020t

9. 三跨箍筋Φ8@100/200(2)

$l_9＝1.4544m$，根数＝38 根。

工程量＝1.4544×38×0.395＝21.83kg＝0.022t

Φ25 钢筋总工程量＝0.146＋0.023＋0.038＋0.032＋0.020＝0.259t

Φ20 钢筋总工程量＝0.092t

Φ8 钢筋总工程量＝0.024＋0.018＋0.022＝0.064t

工程量清单编制见表 4-33。

分部分项工程量清单 表 4-33

序号	项目编码	项目名称	项目特征	计量单位	工程量
1	010515001001	现浇构件钢筋	Φ8	t	0.064
2	010515001002	现浇构件钢筋	Φ20	t	0.092
3	010515001003	现浇构件钢筋	Φ25	t	0.259

4.4 板构件

4.4.1 板构件平法施工图制图规则

1. 楼板相关构造类型与表示方法

（1）楼板相关构造的平法施工图设计，系在板平法施工图上采用直接引注方式表达。

（2）楼板相关构造编号按表 4-34 的规定。

楼板相关构造类型与编号 表 4-34

构造类型	代号	序号	说　明
纵筋加强带	JQD	××	以单向加强纵筋取代原位置配筋
后浇带	HJD	××	有不同的留筋方式
柱帽	ZM×	××	适用于无梁楼盖
局部升降板	SJB	××	板厚及配筋与所在板相同；构造升降高度≤300mm
板加腋	JY	××	腋高与腋宽可选注
板开洞	BD	××	最大边长或直径＜1000mm；加强筋长度有全跨贯通和自洞边锚固两种
板翻边	FB	××	翻边高度≤300mm

续表

构造类型	代号	序号	说　　明
角部加强筋	Crs	××	以上部双向非贯通加强钢筋取代原位置的非贯通配筋
悬挑板阴角附加筋	Cis	××	板悬挑阴角上部斜向附加钢筋
悬挑板阳角附加筋	Ces	××	板悬挑阳角上部放射筋
抗冲切箍筋	Rh	××	通常用于无柱帽无梁楼盖的柱顶
抗冲切弯起筋	Rb	××	通常用于无柱帽无梁楼盖的柱顶

2. 楼板相关构造直接引注

（1）纵筋加强带 JQD 的引注。纵筋加强带的平面形状及定位由平面布置图表达，加强带内配置的加强贯通纵筋等由引注内容表达。

纵筋加强带设单向加强贯通纵筋，取代其所在位置板中原配置的同向贯通纵筋。根据受力需要，加强贯通纵筋可在板下部配置，也可在板下部和上部均设置。纵筋加强带的引注见图 4-93。

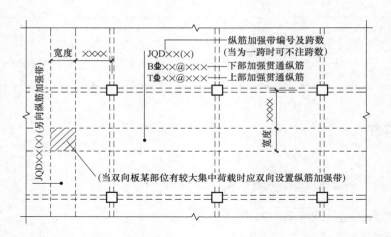

图 4-93　纵筋加强带 JQD 引注图示

当板下部和上部均设置加强贯通纵筋，而板带上部横向无配筋时，加强带上部横向配筋应由设计者注明。

当将纵筋加强带设置为暗梁形式时应注写箍筋，其引注见图 4-94。

（2）后浇带 HJD 的引注。后浇带的平面形状及定位由平面布置图表达，后浇带留筋方式等由引注内容表达，包括：

1）后浇带编号及留筋方式代号。16G101-1 提供了两种留筋方式，分别为贯通和100%搭接。

2）后浇混凝土的强度等级 C××。宜采用补偿收缩混凝土，设计应注明相关施工要求。

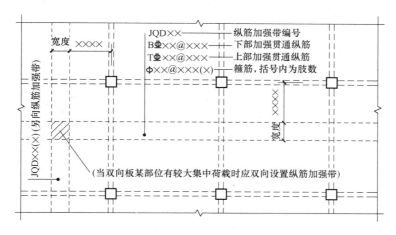

图 4-94　纵筋加强带 JQD 引注图示（暗梁形式）

3）当后浇带区域留筋方式或后浇混凝土强度等级不一致时，设计者应在图中注明与图示不一致的部位及做法。

后浇带引注见图 4-95。

贯通钢筋的后浇带宽度通常取大于或等于 800mm；100%搭接钢筋的后浇带宽度通常取 800mm 与（l_l＋60 或 $l_{l\mathrm{E}}$＋60）的较大值（l_l、$l_{l\mathrm{E}}$ 分别为受拉钢筋搭接长度、受拉钢筋抗震搭接长度）。

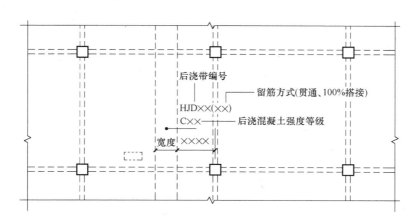

图 4-95　后浇带 HJD 引注图示

（3）柱帽 ZM× 的引注见图 4-96～图 4-99。柱帽的平面形状有矩形、圆形或多边形等，其平面形状由平面布置图表达。

柱帽的立面形状有单倾角柱帽 ZMa（图 4-96）、托板柱帽 ZMb（图 4-97）、变倾角柱帽 ZMc（图 4-98）和倾角托板柱帽 ZMab（图 4-99）等，其立面几何尺寸和配筋由具体的引注内容表达。图中，c_1、c_2 当 X、Y 方向不一致时，应标注（c_1，X，c_1，Y）、（c_2，X，c_2，Y）。

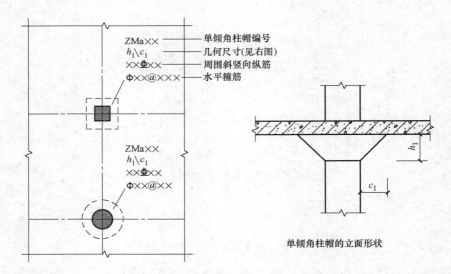

图 4-96　单倾角柱帽 ZMa 引注图示

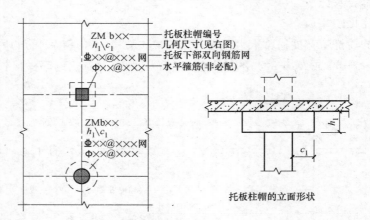

图 4-97　托板柱帽 ZMb 引注图示

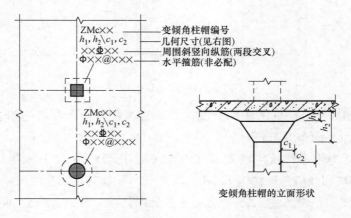

图 4-98　变倾角柱帽 ZMc 引注图示

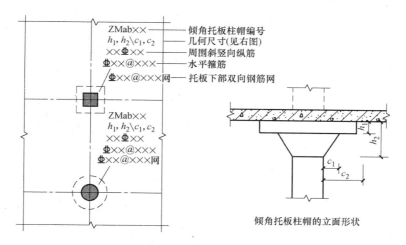

图 4-99　倾角托板柱帽 ZMab 引注图示

（4）局部升降板 SJB 的引注见图 4-100。局部升降板的平面形状及定位由平面布置图表达，其他内容由引注内容表达。

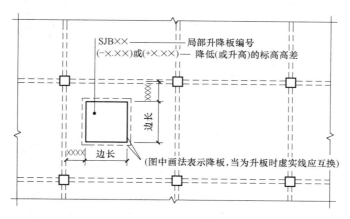

图 4-100　局部升降板 SJB 引注图示

局部升降板的板厚、壁厚和配筋，在标准构造详图中取与所在板块的板厚和配筋相同，设计不注；当采用不同板厚、壁厚和配筋时，设计应补充绘制截面配筋图。

局部升降板升高与降低的高度，在标准构造详图中限定为小于或等于 300mm。当高度大于 300mm 时，设计应补充绘制截面配筋图。

设计应注意：局部升降板的下部与上部配筋均应设计为双向贯通纵筋。

（5）板加腋 JY 的引注见图 4-101。板加腋的位置与范围由平面布置图表达，腋宽、腋高及配筋等由引注内容表达。

当为板底加腋时，腋线应为虚线；当为板面加腋时，腋线应为实线；当腋宽与腋高同板厚时，设计不注。加腋配筋按标准构造，设计不注；当加腋配筋与标准构造不同时，设计应补充绘制截面配筋图。

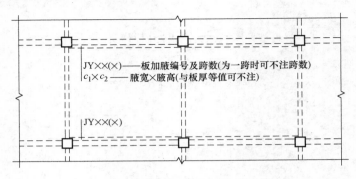

图 4-101　板加腋 JY 引注图示

（6）板开洞 BD 的引注见图 4-102。板开洞的平面形状及定位由平面布置图表达，洞的几何尺寸等由引注内容表达。

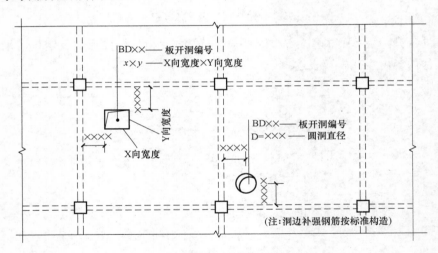

图 4-102　板开洞 BD 引注图示

当矩形洞口边长或圆形洞口直径小于或等于 1000mm，且当洞边无集中荷载作用时，洞边补强钢筋可按标准构造的规定设置，设计不注；当洞口周边加强钢筋不伸至支座时，应在图中画出所有加强钢筋，并标注不伸至支座的钢筋长度。当具体工程所需要的补强钢筋与标准构造不同时，设计应加以注明。

当矩形洞口边长或圆形洞口直径大于 1000mm，或虽小于或等于 1000mm 但洞边有集中荷载作用时，设计应根据具体情况采取相应的处理措施。

（7）板翻边 FB 的引注见图 4-103。板翻边可为上翻也可为下翻，翻边尺寸等在引注内容中表达，翻边高度在标准构造详图中为小于或等于 300mm。当翻边高度大于 300mm 时，由设计者自行处理。

（8）角部加强筋 Crs 的引注见图 4-104。角部加强筋通常用于板块角区的上部，根据规范规定的受力要求选择配置。角部加强筋将在其分布范围内取代原配置的板支座上部非贯通纵筋，且当其分布范围内配有板上部贯通纵筋时则间隔布置。

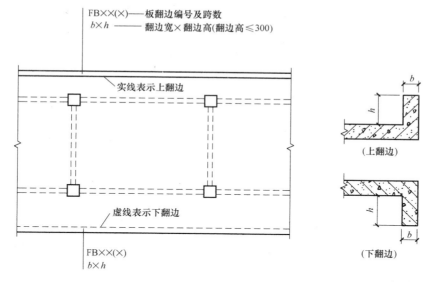

图 4-103　板翻边 FB 引注图示

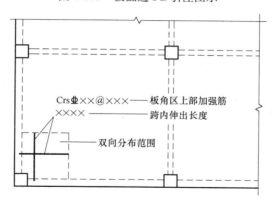

图 4-104　角部加强筋 Crs 引注图示

（9）悬挑板阴角附加筋 Cis 的引注见图 4-105。悬挑板阴角附加筋系指在悬挑板的阴角部位斜放的附加钢筋，该附加钢筋设置在板上部悬挑受力钢筋的下面。

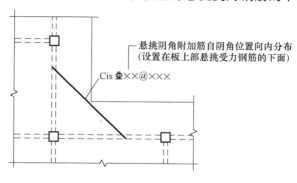

图 4-105　悬挑板阴角附加筋 Cis 引注图示

（10）悬挑板阳角放射筋 Ces 的引注见图 4-106～图 4-108。

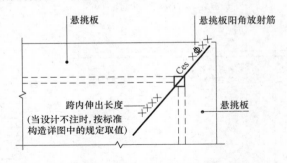

图 4-106 悬挑板阳角放射附加筋 Ces 引注图示（一）

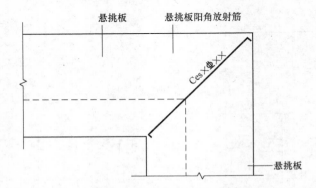

图 4-107 悬挑板阳角放射附加筋 Ces 引注图示（二）

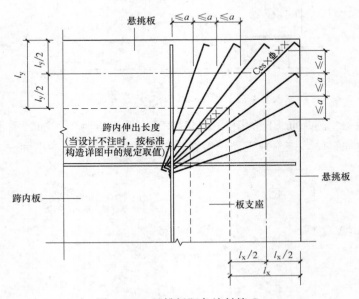

图 4-108 悬挑板阳角放射筋 Ces

（11）抗冲切箍筋 Rh 的引注见图 4-109。抗冲切箍筋通常在无柱帽无梁楼盖的柱顶部位设置。

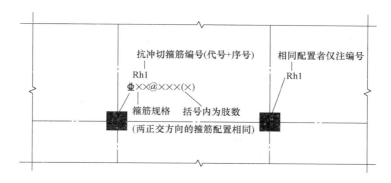

图 4-109　抗冲切箍筋 Rh 引注图示

（12）抗冲切弯起筋 Rb 的引注见图 4-110。抗冲切弯起筋通常在无柱帽无梁楼盖的柱顶部位设置。

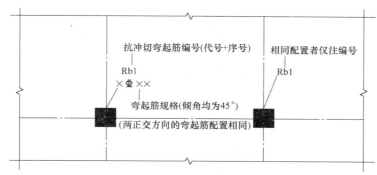

图 4-110　抗冲切弯起筋 Rb 引注图示

3. 其他

未包括的其他构造，应由设计者根据具体工程情况按照规范要求进行设计。

4.4.2　有梁楼盖楼面板和屋面板构件钢筋计算

有梁楼盖楼面板 LB 和屋面板 WB 钢筋构造，如图 4-111 所示。

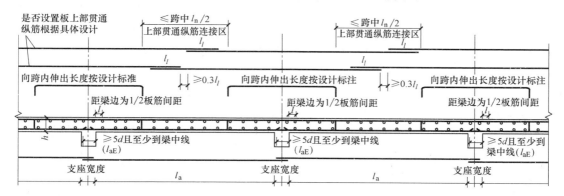

图 4-111　有梁楼盖楼面板 LB 和屋面板 WB 钢筋构造

板在端部支座的锚固构造，如图 4-112～图 4-114 所示。

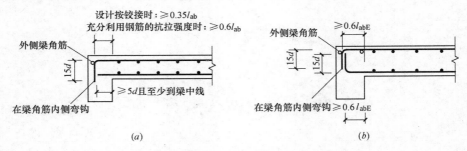

图 4-112 板在端部支座的锚固构造（一）

（a）普通楼屋面板；（b）用于梁板式转换层的楼面板

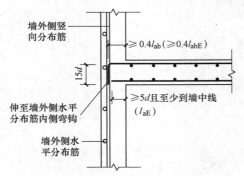

图 4-113 板在端部支座的锚固构造（二）

（端部支座为剪力墙中间层）

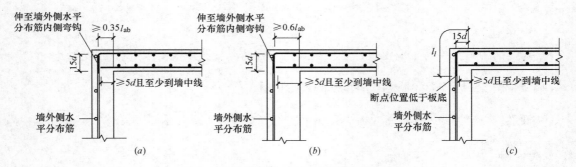

图 4-114 板在端部支座的锚固构造（三）

（端部支座为剪力墙墙顶）

（a）板端按铰接设计时；（b）板端上部纵筋按充分利用钢筋的抗拉强度时；（c）搭接连接

有梁楼盖不等跨板上部贯通纵筋连接构造，如图 4-115 所示。

板带端支座纵向钢筋构造如图 4-116、图 4-117 所示。

1. 板上部贯通纵筋计算

（1）计算板上部贯通纵筋的长度。板上部贯通纵筋两端伸至梁外侧角筋的内侧，再弯直钩 $15d$；当直锚长度不小于 l_a 时，可以不弯折。具体的计算方法为：

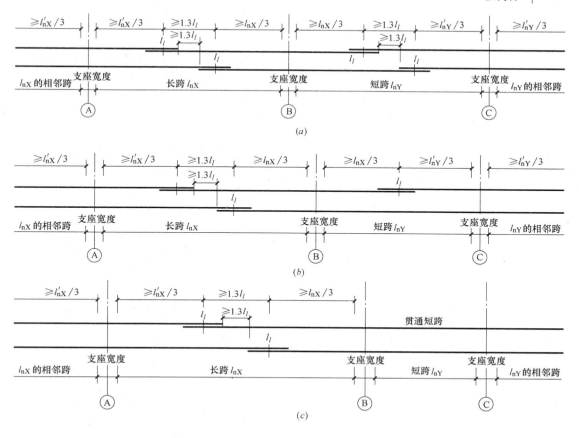

图 4-115　有梁楼盖不等跨板上部贯通纵筋连接构造

（a）不等跨板上部贯通纵筋连接构造（一）（当钢筋足够长时能通则通）；

（b）、（c）不等跨板上部贯通纵筋连接构造（二）（当钢筋足够长时能通则通）

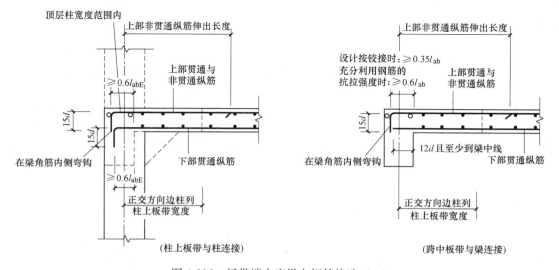

图 4-116　板带端支座纵向钢筋构造（一）

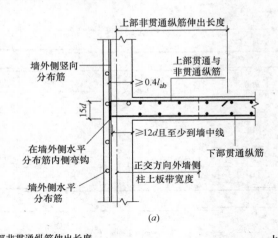

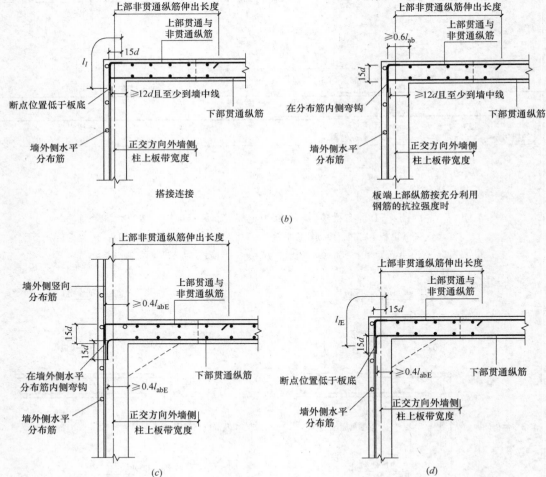

图 4-117　板带端支座纵向钢筋构造（二）

（a）跨中板带与剪力墙中间层连接；（b）跨中板带与剪力墙墙顶连接；

（c）柱上板带与剪力墙中间层连接；（d）柱上板带与剪力墙墙顶连接

① 先计算直锚长度。

$$直锚长度＝梁截面宽度－保护层－梁角筋直径$$

② 若直锚长度$\geqslant l_a$，则不弯折；否则，弯直钩 $15d$。

以单块板上部贯通纵筋的计算为例：

$$板上部贯通纵筋的直段长度＝净跨长度＋两端的直锚长度$$

（2）计算板上部贯通纵筋的根数。按照《混凝土结构施工图平面整体表示方法制图规则和构造详图（现浇混凝土框架、剪力墙、梁、板）》16G101-1 图集的规定，第一根贯通纵筋在距梁边 1/2 板筋间距处开始设置。板上部贯通纵筋的布筋范围为净跨长度。在这个范围内除以钢筋的间距，所得到的"间隔个数"即为钢筋的根数。

2. 端支座为剪力墙时板上部贯通纵筋的计算

（1）计算板上部贯通纵筋的长度。板上部贯通纵筋两端伸至剪力墙外侧水平分布筋的内侧，弯锚长度为 l_{aE}，具体的计算方法为：

① 先计算直锚长度

$$直锚长度＝墙厚度－保护层－墙身水平分布筋直径$$

② 再计算弯钩长度

$$弯钩长度＝l_a－直锚长度$$

以单块板上部贯通纵筋的计算为例：

$$板上部贯通纵筋的直段长度＝净跨长度＋两端的直锚长度$$

（2）计算板上部贯通纵筋的根数。按照《混凝土结构施工图平面整体表示方法制图规则和构造详图（现浇混凝土框架、剪力墙、梁、板）》16G101-1 图集的规定，第一根贯通纵筋在距墙边 1/2 板筋间距处开始设置。板上部贯通纵筋的布筋范围＝净跨长度。在这个范围内除以钢筋的间距，所得到的"间隔个数"即为钢筋的根数。

3. 端支座为梁板下部贯通纵筋计算

（1）计算板下部贯通纵筋的长度。具体的计算方法一般为：

① 先选定直锚长度＝梁宽/2。

② 验算一下此时选定的直锚长度是否不小于 $5d$。如果满足直锚长度不小于 $5d$，则没有问题；如果无法满足，则取定 $5d$ 为直锚长度。

以单块板下部贯通纵筋的计算为例：

$$板下部贯通纵筋的直段长度＝净跨长度＋两端的直锚长度$$

（2）计算板下部贯通纵筋的根数。

计算方法和前面介绍的板上部贯通纵筋根数算法相同。

4.4.3 悬挑板构件钢筋计算

悬挑板 XB 钢筋构造，如图 4-118 所示。

板带悬挑端纵向钢筋构造，如图 4-119 所示。

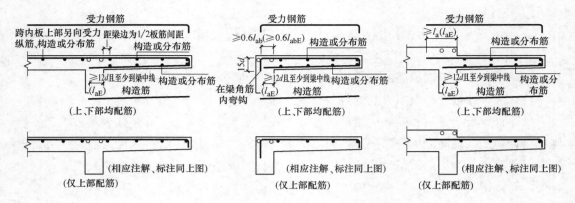

图 4-118 悬挑板 XB 钢筋构造

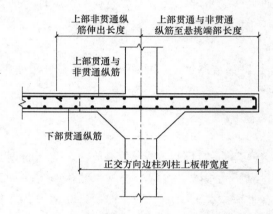

图 4-119 板带悬挑端纵向钢筋构造

4.4.4 板开洞钢筋计算

板开洞 BD 与洞边加强钢筋构造（洞边无集中荷载），如图 4-120、图 4-121 所示。

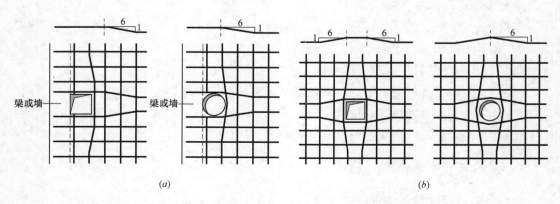

图 4-120 矩形洞边长和圆形洞直径不大于 300mm 时钢筋构造（一）

（a）梁边或墙边开洞；（b）板中开洞

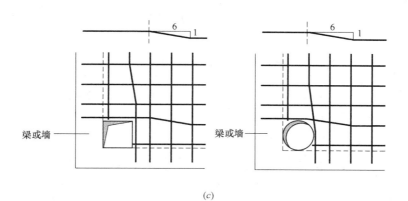

图 4-120 矩形洞边长和圆形洞直径不大于 300mm 时钢筋构造（二）

（c）梁交角或墙角开洞；（d）洞边被切断钢筋端部构造

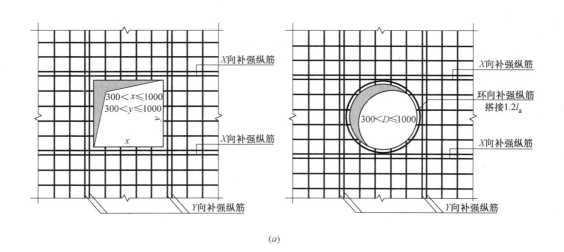

（a）

图 4-121 矩形洞边长和圆形洞直径大于 300mm 但不大于 1000mm 时钢筋构造（一）

（a）板中开洞

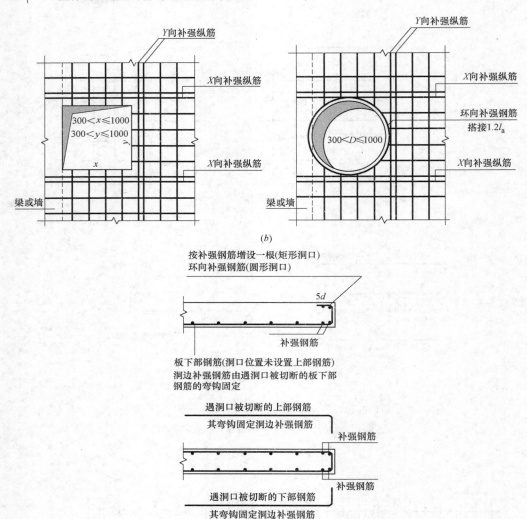

图 4-121 矩形洞边长和圆形洞直径大于 300mm 但不大于 1000mm 时钢筋构造（二）

（b）梁边或墙边开洞；（c）洞边被切断钢筋端部构造

4.4.5 板构件钢筋工程量清单实例

【例 4-22】 某单跨板 B-1 钢筋，抗震等级为四级，混凝土强度等级为 C25，板厚为 100mm，保护层厚度为 15mm，柱截面尺寸 400mm×400mm，负筋分布筋为Φ6@250。图 4-122 中的负筋长度均为水平净长度，包含伸入梁中水平长度，工程中根据图中所示计算。板的平法表示如图 4-122 所示。试计算单跨板 B-1 钢筋工程量，并编制工程量清单。

【解】

1.①号钢筋板负筋工程量计算

①号钢筋板负筋锚固方式选择：左净长＋弯折＋支座宽/2＋板厚－2×保护层。

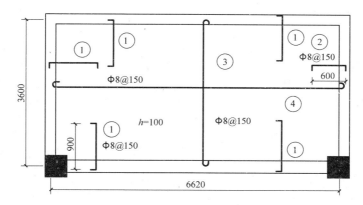

图 4-122　单跨板 B-1 配筋图

①号钢筋板负筋根数：$(6.62-0.33\times2+6.62-0.34+3.6-0.28-0.12-0.05\times2)/0.15+1=104$ 根

①号钢筋板负筋单根长度：$0.9+(0.1-0.015\times2)\times2=1.04m$

工程量 $=1.04\times104\times0.394=42.62kg$

2. ②号钢筋板负筋工程量计算

②号钢筋板负筋根数：$(3.6-0.28-0.12-0.05\times2)/0.15+1=22$ 根

②号钢筋板负筋单根长度：$0.6+(0.1-0.015\times2)\times2=0.74m$

工程量 $=0.74\times22\times0.394=6.41kg$

3. ③号钢筋受力筋工程量计算

③钢筋受力筋根数：$(6.62-0.12\times2-0.05\times2)/0.15+1=43$ 根

③钢筋受力筋单根长度：$3.36+\max(0.24/2,5\times0.008)\times2+12.5\times0.008=3.7m$

工程量 $=3.7\times43\times0.394=62.69kg$

4. ④号钢筋受力筋工程量计算

④钢筋受力筋根数计算：$(3.6-0.12\times2-0.05\times2)/0.15+1=23$ 根

④钢筋受力筋单根长度：$6.38+\max(0.24/2,5\times0.008)\times2+12.5\times0.008=6.72m$

工程量 $=6.72\times23\times0.394=60.90kg$

5. 负筋分布筋工程量计算

负筋分布筋分布在负筋布设范围内的板顶部位置，长度取该与负筋垂直方向的相邻负筋间净距，且与相邻负筋搭接长度为 150mm。

负筋分布筋 1 根数计算：$3+5=8$ 根

负筋分布筋 1 单根长度：$3.6-0.12\times2-0.9\times2+0.15\times2=1.86m$

工程量 $=1.86\times8\times0.222=3.30kg$

负筋分布筋 2 根数计算：$5+5=10$ 根

负筋分布筋 2 单根长度：$6.62-0.12\times2-0.6-0.9+0.15\times2=5.18m$

工程量 $=5.18\times10\times0.222=11.50kg$

工程量清单编制见表 4-35。

分部分项工程量清单 表 4-35

序号	项目编码	项目名称	项目特征描述	计量单位	工程量
1	010515001001	现浇构件钢筋	Φ8	t	0.1726
2	010515001002	现浇构件钢筋	Φ6	t	0.0148

【例 4-23】 某 LB1 平法施工图如图 4-123 所示,混凝土强度等级为 C30,抗震等级为一级。试计算其板底筋工程量。

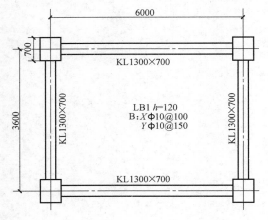

图 4-123 某 LB1 平法施工图

【解】

梁钢筋混凝土保护层厚度 c=20mm

板钢筋混凝土保护层厚度 c=15mm

板底筋的起步距离为 1/2 板底筋间距

Φ10 钢筋单位理论质量为:0.617kg/m

1. XΦ10@100

钢筋长度=净长+端支座锚固+弯钩长度=$(3600-300)+2\times\max(h_b/2,5d)+2\times$ 180°弯钩长度$(6.25d)=3300+2\times150+2\times6.25\times10=3725$mm

钢筋根数=(钢筋布置范围长度-起步距离)/间距+1=$(6000-300-100)/100+1=57$ 根

钢筋工程量=$3.725\times57\times0.617=131$kg=0.131t

2. YΦ10@150

钢筋长度=净长+端支座锚固+弯钩长度=$(6000-300)+2\times\max(h_b/2,5d)+2\times$ 180°弯钩长度$(6.25d)=(6000-300)+2\times150+2\times6.25\times10=6125$mm

钢筋根数=(钢筋布置范围长度-起步距离)/间距+1=$(3600-300-2\times75)/150+1$ =22 根

钢筋工程量=$6.125\times22\times0.617=83.14$kg=0.083t

钢筋总工程量=$0.131+0.083=0.214$t

【例 4-24】 试计算图 4-124 中某层楼板的钢筋工程量。混凝土强度等级为 C30,非抗震,墙保护层厚度为 15mm。

【解】

Φ6.5 钢筋单位理论质量为 0.261kg/m

Φ8 钢筋单位理论质量为 0.395kg/m

Φ10 钢筋单位理论质量为 0.617kg/m

1. X 向板底筋Φ10@100

长度=$3.6-0.3+\max(5d,300/2)\times2+6.25d\times2=4.283$m

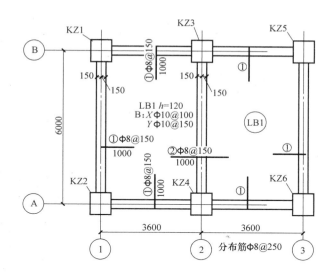

图 4-124　LB1 平法施工图

根数＝（6.0－0.3－0.05×2/0.1＋1）×2＝114 根

钢筋工程量＝4.283×114×0.617＝301.258kg＝0.301t

2. Y 向板底筋Φ10@150

长度＝6.0－0.3＋max（5d, 300/2）×2＋6.25d×2＝4.307m

根数＝（3.6－0.3－0.05×2/0.15＋1）×2＝45 根

钢筋工程量＝4.307×45×0.617＝119.58kg＝0.120t

3. ①③轴负筋Φ8@150

长度＝（1.0－0.15）＋l_a＋6.25d＋0.120－0.015＝1.197m

根数＝（6.0－0.3－0.05×2/0.15＋1）×2＝77 根

钢筋工程量＝1.197×77×0.395＝36.41kg＝0.036t

4. ①③轴分布筋Φ6.5@250

长度＝6.0－1.0×2＋（搭接）0.15×2＝4.3m

根数＝[（1.0－0.15）/0.25＋1]×2＝9 根

钢筋工程量＝4.3×9×0.261＝10.10kg＝0.010t

5. ②轴负筋Φ8@150

长度＝1.0×2＋（0.120－0.015）×2＝2.21m

根数＝6.0－0.3－0.05×2/0.15＋1＝39 根

钢筋工程量＝2.21×39×0.395＝34.05kg＝0.034t

6. ②轴分布筋Φ6.5@150

长度＝6.0－1.0×2＋0.15×2＝4.3m

根数＝[（1.0－0.15）/0.25＋1]×2＝9 根

7. 钢筋工程量

钢筋工程量＝4.3×9×0.261＝10.10kg＝0.010t

【例 4-25】 某住宅楼板的示意图如图 4-125 所示。钢筋根数为：①号钢筋 25 根，②号钢筋 28 根，③号钢筋 30 根，④号钢筋 40 根。试计算该楼板的钢筋工程量，并编制工程量清单。

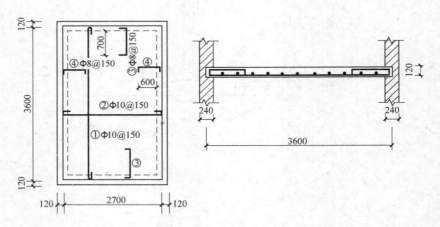

图 4-125 现浇钢筋混凝土平板示意图

【解】

1. 工程量计算

所用钢筋均为现浇构件钢筋，对应项目编码为：010515001，其工程量计算如下：

Φ8 钢筋单位理论质量为 0.395kg/m

Φ10 钢筋单位理论质量为 0.617kg/m

①号钢筋长度计算：3600－2×15＋2×6.25×10＝3695mm

②号钢筋长度计算：2700－2×15＋2×6.25×10＝2795mm

Φ10 钢筋工程量：（3.695×25＋2.795×28）×0.617＝105.28kg＝0.105t

③号钢筋长度计算：700＋120－15＋2×（120－30）＝985mm

④号钢筋长度计算：600＋120－15＋2×（120－30）＝885mm

Φ8 钢筋工程量：（0.985×30＋0.885×40）×0.395＝25.66kg＝0.026t

2. 工程量清单编制

工程量清单编制见表 4-36。

分部分项工程量清单   表 4-36

序号	项目编码	项目名称	项目特征描述	计量单位	工程量
1	010515001001	现浇构件钢筋	Φ10	t	0.105
2	010515001002	现浇构件钢筋	Φ8	t	0.026

【例 4-26】 某 LB6 平法施工图如图 4-126 所示，混凝土强度等级为 C30，抗震等级为

一级。试计算 LB6 及 XB1 的板底筋工程量。

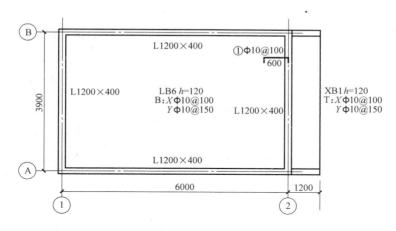

图 4-126　LB6 平法施工图

【解】

梁钢筋混凝土保护层厚度 $c=20$mm

板钢筋混凝土保护层厚度 $c=15$mm

Φ10 钢筋单位理论质量为：0.617kg/m

1. LB6 的板底筋计算

（1）XΦ10@100

钢筋长度＝净长＋端支座锚固＋弯钩长度

端支座锚固长度＝$\max(h_b/2,5d)=\max(100,5\times10)=100$mm

180°弯钩长度＝$6.25d$

钢筋总长＝$6000-200+2\times100+2\times6.25\times10=6125$mm

钢筋根数＝（钢筋布置范围长度－起步距离）/间距＋1＝$(3900-200-100)/100+1=$ 37 根

钢筋工程量＝$6.125\times37\times0.617=139.83$kg＝0.140t

（2）YΦ10@150

钢筋长度＝净长＋端支座锚固＋弯钩长度

端支座锚固长度＝$\max(h_b/2,5d)=\max(100,5\times10)=100$mm

180°弯钩长度＝$6.25d$

钢筋总长＝$3900-200+2\times100+2\times6.25\times10=4025$mm

钢筋根数＝（钢筋布置范围长度－起步距离）/间距＋1＝$(6000-200-2\times75)/150+1=39$ 根

钢筋工程量＝$4.025\times39\times0.617=96.85$kg＝0.097t

2. XB1 的板底筋计算

（1）XΦ10@100 与①号支座负筋连通布置

钢筋长度＝净长＋端支座锚固

左端支座负筋端弯折长度＝120－2×15＝90mm

右端弯折＝120－2×15＝90mm

钢筋总长＝600＋90＋1200－15＋90＝1965mm

钢筋根数＝(钢筋布置范围长度－起步距离)/间距＋1＝(3900－200－100)/100＋1＝37根

钢筋工程量＝1.965×37×0.617＝44.86kg＝0.045t

（2）YΦ10@150

钢筋长度＝净长＋端支座锚固

端支座锚固长度＝梁宽－c＋15d＝200－20＋15×10＝330mm

钢筋总长＝3900－200＋2×330＝4360mm

钢筋根数＝(钢筋布置范围长度－起步距离)/间距＋1＝(1200－100－75－150)/150＋1＝7根

钢筋工程量＝4.360×7×0.617＝18.83kg＝0.019t

钢筋总工程量＝0.140＋0.097＋0.045＋0.019＝0.301t

3. 工程量清单编制

工程量清单编制见表4-37。

分部分项工程量清单 表 4-37

序号	项目编码	项目名称	项目特征描述	计量单位	工程量
1	010515001001	现浇构件钢筋	Φ10	t	0.301

【**例 4-27**】 某现浇板施工图如图 4-127 所示，该现浇有梁板的板厚为 100mm，混凝

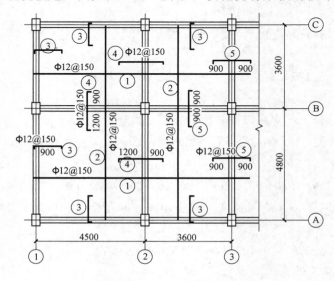

图 4-127 某现浇板施工图

土强度等级为 C30，混凝土保护层厚度为 15mm，四周梁的设计尺寸是 250mm×550mm，试计算板内钢筋的工程量，并编制工程量清单。

【解】

板筋主要有：受力筋（单向或双向，单层或双层）、支座负筋、分布筋、附加钢筋（角部附加放射筋、洞口附加钢筋）、撑脚钢筋（双层钢筋时支撑上下层）。本题仅计算双向受力筋、支座负筋。

1. ①、②受力筋工程量

由图 8-23 可知，板内受力筋是：X&Yϕ12@150。

受力筋长度＝轴线尺寸＋左锚固＋右锚固＋两端弯钩(指 HPB300 级筋)

根数＝(轴线长度－扣减值)/布筋间距＋1

端部支座为梁，其锚固长度是 l_a，l_a＝30d，即 360mm

X 向单根受力筋长度 L_1＝4500＋3600＋360×2＋2×6.25d(180°弯钩)＝8970mm

Y 向单根受力筋长度 L_2＝4800＋3600＋360×2＋2×6.25d(180°弯钩)＝9270mm

X 向受力筋根数 n_1＝(4800＋3600－250)÷150＋1＝56 根

Y 向受力筋根数 n_2＝(4500＋3600－250)÷150＋1＝54 根

所以，受力筋的长度＝56×8970＋54×9270＝1002900mm＝1002.9m

工程量＝1002.9×0.888kg/m＝890.58kg＝0.891t

2. ③、④、⑤负筋

③筋ϕ12@150，L＝900mm

④筋ϕ12@150，L＝2100mm

⑤筋ϕ12@150，L＝1800mm

负筋长度＝负筋长度＋左弯折＋右弯折

单根③筋长度 L_3＝900＋(100－15)×2＋2×6.25d(180°弯钩)＝1220mm

单根④筋长度 L_4＝2100＋(100－15)×2＋2×6.25d(180°弯钩)＝2420mm

单根③筋长度 L_3＝1800＋(100－15)×2＋2×6.25d(180°弯钩)＝2120mm

负筋根数＝(布筋范围－扣减值)/布筋间距＋1

③筋根数 n_3＝[2×(4500＋3600－250)＋(4800＋3600－250)]÷150＋1＝160 根

④筋根数 n_4＝(4800＋3600－250)÷150＋1＝56 根

⑤筋根数 n_5＝(4800＋3600－250)÷150＋1＝56 根

所以，负筋的长度＝160×1220＋56×2420＋56×2120＝449440mm＝449.44m

工程量＝449.44×0.888kg/m＝399.1kg＝0.399t

小计：

现浇板内钢筋：ϕ12，工程量＝0.399＋0.891＝1.29t

工程量清单编制见表 4-38。

分部分项工程量清单　　　　　　　　　　表 4-38

项目编码	项目名称	项目特征描述	计量单位	工程量
010515001001	现浇构件钢筋	Φ12	t	1.29

【例 4-28】 如图 4-128 所示，板 LB1 的集中标注为

LB1　　$h=100$

B：X&Y Φ8@150

T：X&Y Φ8@150

板 LB1 的尺寸为 7500mm×7000mm，X 方向的梁宽度为 320mm，Y 方向的梁宽度为 220mm，均为正中轴线。保护层厚度为 25mm，$l_{aE}=27d$，X 方向的 KL1 上部纵筋直径为 25mm，Y 方向的 KL5 上部纵筋直径为 22mm。混凝土强度等级 C25，二级抗震等级。试计算板上部贯通纵筋的工程量，并编制工程量清单。

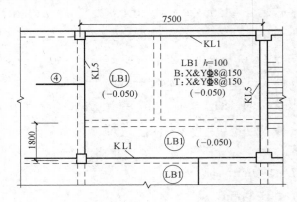

图 4-128　板 LB1 示意图

【解】

1. LB1 板 X 方向上部贯通纵筋工程量

（1）LB1 板 X 方向的上部贯通纵筋长度

支座直锚长度＝梁宽－保护层厚度－梁角筋直径＝220－25－22＝173mm

弯钩长度＝l_{aE}－直锚长度＝$27d$－173＝27×8－173＝43mm

上部贯通纵筋的直段长度＝净跨长度＋两端的直锚长度＝（7500－220）＋173×2＝7626mm

（2）LB1 板 X 方向的上部贯通纵筋的根数

梁 KL1 角筋中心到混凝土内侧的距离＝25/2＋25＝37.5mm

板上部贯通纵筋的布筋范围＝净跨长度＋37.5×2＝7000－320＋37.5×2＝6755mm

X 方向的上部贯通纵筋的根数＝6755/150＝46 根

工程量＝7.626×46×0.395＝138.56kg＝0.139t

2. LB1 板 Y 向上部贯通纵筋工程量

（1）LB1 板 Y 方向的上部贯通纵筋长度

支座直锚长度＝梁宽－保护层厚度－梁角筋直径＝320－25－25＝270mm

弯钩长度＝l_a－直锚长度＝27d－270＝27×8－270＝－54mm

（注：弯钩长度为负数，说明该计算是错误的，即此钢筋不应有弯钩。）

因为，在（1）中计算支座长度＝270mm＞l_a（27×8＝216mm），所以，这根上部贯通纵筋在支座的直锚长度取216mm，不设弯钩。

上部贯通纵筋的直段长度＝净跨长度＋两端的直锚长度＝（7000－320）＋216×2＝7112mm

（2）LB1 板 Y 方向的上部贯通纵筋的根数

梁 KL5 角筋中心到混凝土内侧的距离＝22/2＋25＝36mm

板上部贯通纵筋的布筋范围＝净跨长度＋36×2＝7500－220＋36×2＝7352mm

Y 方向的上部贯通纵筋的根数＝7352/150＝50 根

工程量＝7.352×50×0.395＝145.20kg＝0.145t

总工程量＝0.139＋0.145＝0.284t

3. 工程量清单编制

工程量清单编制见表 4-39。

分部分项工程量清单 表 4-39

项目编码	项目名称	项目特征描述	计量单位	工程量
010515001001	现浇构件钢筋	Φ8	t	0.284

【例 4-29】 某楼层板的平法图如图 4-129 所示，梁的宽度为 300mm，保护层厚度 20mm，梁中心线与轴线重合，混凝土强度等级为 C30，板的保护层厚度为 15mm，分布筋为Φ8@150。试计算楼层板钢筋工程量。

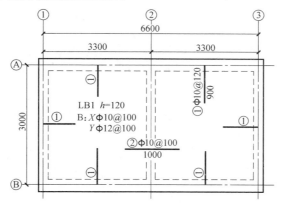

图 4-129 楼层板平法图

【解】

1. 底部 X 贯通筋工程量计算

单根长度＝3300－300＋max(150,5×10)×2＋6.25×10×2＝3425mm

根数＝[(3000－300－50×2)/100＋1]×2＝54 根

工程量＝3.425×54×0.617＝114.11kg＝0.114t

2. 底部 Y 贯通筋工程量计算

单根长度＝3000－300＋150×2＋6.25×12×2＝3150mm

根数＝[（3300－300－100）/100＋1]×2＝60 根

工程量＝3.15×60×0.888＝167.83kg＝0.168t

3. ①号钢筋工程量计算

伸入梁中的水平段长度＝300－20－10－20－25＝225mm

其中，第一个 20mm 是箍筋的保护层厚度，10mm 指的是假定的梁箍筋直径；第二个 20mm 是指假定的梁纵筋直径，25mm 是假定的梁与板筋之间的净距。

直锚长度 $l_a＝\zeta_a \cdot l_{ab}＝1.0×30d＝30×10＝300$mm

因为 225mm＜300mm，故钢筋要弯锚。

因此，弯锚长度＝225＋15×10＝375mm

单根长度＝900－150＋375＋120－15＝1230mm

根数＝[（3300－300－120）/120＋1]×4＋[（3000－300－120）/120＋1]×2＝145 根

工程量＝1.23×145×0.617＝110.04kg＝0.110t

4. ②号钢筋工程量计算

单根长度＝1000×2＋（120－15）×2＝2210mm

根数＝（3000－300－100）/100＋1＝27 根

工程量＝2.21×27×0.617＝36.82kg＝0.037t

5. ①号钢筋在Ⓐ—Ⓑ轴线的分布筋工程量计算

单根长度＝3000－900×2＋150×2＋（120－15）×2＝1710mm

根数＝[（900－150－75）/150]×2＝9 根

工程量＝1.71×9×0.395＝6.08kg＝0.006t

6. ①号钢筋在①—②轴线和②—③轴线的分布筋工程量计算

单根长度＝3300－900－1000＋150×2＋（120－15）×2＝1910mm

根数＝[（900－150－75）/150]×4＝18 根

工程量＝1.91×18×0.395＝13.58kg＝0.014t

7. ②号钢筋的分布筋工程量计算

单根长度＝3000－900×2＋150×2＋（120－15）×2＝1710mm

根数＝[（1000－150－75）/150]×2＝11 根

工程量＝1.71×11×0.395＝7.43kg＝0.007t

【**例 4-30**】 某一端延伸悬挑板传统配筋如图 4-130 所示，板的混凝土强度等级为 C25，保护层厚度 20mm，梁纵筋的保护层厚度 30mm，梁角筋的直径 20mm。试计算图中⑤钢筋工程量，并编制工程量清单。

【**解**】

⑤钢筋单根长度＝3600×2＋1850＋50－20＋300－30－20－25＋15×10＋120－

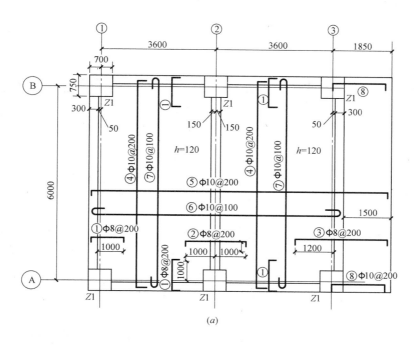

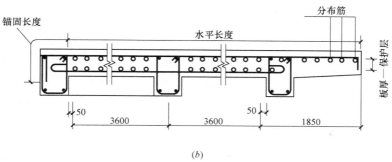

图 4-130　一端延伸悬挑板传统配筋

20＝9555mm

　　⑤钢筋根数＝6000/200＋1＝31 根

　　工程量＝9.555×31×0.617＝182.758kg＝0.183t

　　工程量清单编制见表 4-40。

分部分项工程量清单 表 4-40

项目编码	项目名称	项目特征描述	计量单位	工程量
010515001001	现浇构件钢筋	Φ 10	t	0.183

5 楼梯钢筋计算与工程量清单实例

5.1 板式楼梯平法施工图制图规则

1. 现浇混凝土板式楼梯平法施工图的表示方法

(1) 现浇混凝土板式楼梯平法施工图有平面注写、剖面注写和列表注写三种表达方式。

本节制图规则主要表述梯板的表达方式,与楼梯相关的平台板、梯梁、梯柱的注写方式参见国家建筑标准设计图集《混凝土结构施工图平面整体表示方法制图规则和构造详图(现浇混凝土框架、剪力墙、梁、板)》16G101-1。

(2) 楼梯平面布置图,应采用适当比例集中绘制,需要时绘制其剖面图。

(3) 为方便施工,在集中绘制的板式楼梯平法施工图中,宜按规定注明各结构层的楼面标高、结构层高及相应的结构层号。

2. 楼梯类型

(1)《混凝土结构施工图平面整体表示方法制图规则和构造详图(现浇混凝土板式楼梯)》16G101-2 楼梯包含 12 种类型,详见表 5-1。各梯板截面形状与支座位置示意图,如图 5-1 所示。

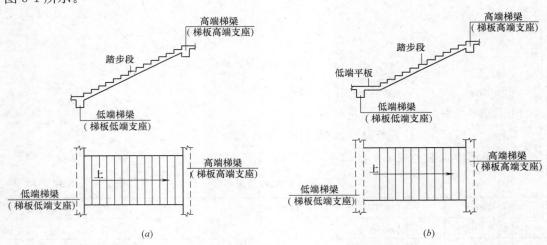

图 5-1 楼梯截面形状与支座位置示意图(一)

(a) AT 型;(b) BT 型

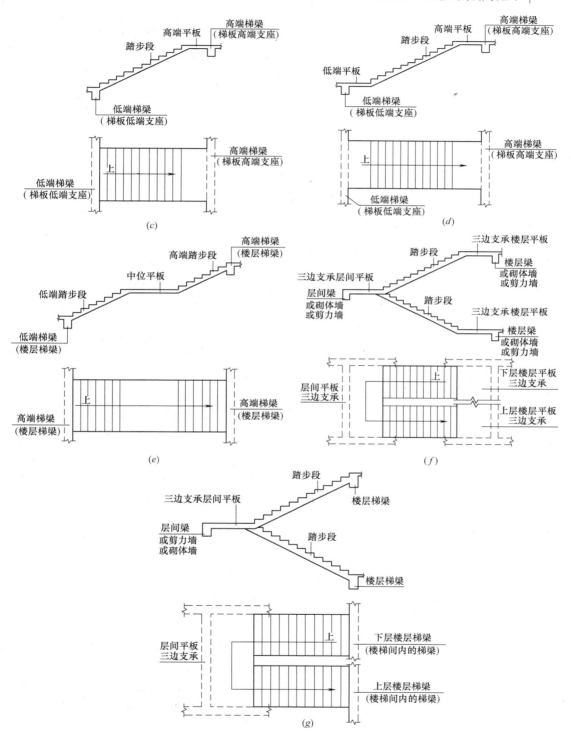

图 5-1 楼梯截面形状与支座位置示意图（二）

(*c*) CT型；(*d*) DT型；(*e*) ET型；(*f*) FT型（有层间和楼层平台板的双跑楼梯）；(*g*) GT型（有层间平台板的双跑楼梯）

楼梯类型 表 5-1

梯板代号	适用范围		是否参与结构整体抗震计算	示意图所在页码	注写及构造图所在页码
	抗震构造措施	适用结构			
AT	无	剪力墙、砌体结构	不参与	11	23、24
BT				11	25、26
CT	无	剪力墙、砌体结构	不参与	12	27、28
DT				12	29、30
ET	无	剪力墙、砌体结构	不参与	13	31、32
FT				13	33、34、35、39
GT	无	剪力墙、砌体结构	不参与	14	36、37、38、39
ATa	有	框架结构、框-剪结构中框架部分	不参与	15	40、41、42
ATb			不参与	15	40、43、44
ATc			参与	15	45、46
CTa	有	框架结构、框-剪结构中框架部分	不参与	16	47、41、48
CTb			不参与	16	47、43、49

注：ATa、CTa 低端设滑动支座支承在梯梁上；ATb、CTb 低端设滑动支座支承在挑板上。

（2）楼梯注写：楼梯编号由梯板代号和序号组成；如 AT××、BT××、ATa××等。

（3）AT～ET 型板式楼梯具有以下特征：

1）AT～ET 型板式楼梯代号代表一段带上下支座的梯板。梯板的主体为踏步段，除踏步段之外，梯板包括低端平板、高端平板以及中位平板。

2）AT～ET 各型梯板的截面形状为：

AT 型梯板全部由踏步段构成；

BT 型梯板由低端平板和踏步段构成；

CT 型梯板由踏步段和高端平板构成；

DT 型梯板由低端平板、踏步板和高端平板构成；

ET 型梯板由低端踏步段、中位平板和高端踏步段构成。

3）AT～FT 型梯板的两端分别以（低端和高端）梯梁为支座。

4）AT～ET 型梯板的型号、板厚、上下部纵向钢筋及分布侧筋等内容由设计者在平法施工图中注明。梯板上部纵向钢筋向跨内伸出的水平投影长度见相应的标准构造详图，设计不注，但设计者应予以校核；当标准构造详图规定的水平投影长度不满足具体工程要求时，应由设计者另行注明。

（4）FT、GT 型板式楼梯具备以下特征：

1）FT、GT 每个代号代表两跑踏步段和连接它们的楼层平板及层间平板。

2）FT、GT 型梯板的构成分两类：

第一类：FT 型，由层间平板、踏步段和楼层平板构成。

第二类：GT 型，由层间平板和踏步段构成。

3）FT、GT 型梯板的支承方式如下：

① FT 型：梯板一端的层间平板采用三边支承，另一端的楼层平板也采用三边支承。

② GT 型：梯板一端的层间平板采用三边支承，另一端的梯板段采用单边支承（在梯梁上）。

FT、GT 型梯板的支承方式见表 5-2。

FT、GT 型梯板支承方式　　　　　　　　　表 5-2

梯板类型	层间平板端	踏步段端（楼层处）	楼层平板端
FT	三边支承	—	三边支承
GT	三边支承	单边支承（梯梁上）	—

4）FT、GT 型梯板的型号、板厚、上下部纵向钢筋及分布钢筋等内容由设计者在平法施工图中注明。FT、GT 型平台上部横向钢筋及其外伸长度，在平面图中原位标注。梯板上部纵向钢筋向跨内伸出的水平投影长度见相应的标准构造详图，设计不注，但设计者应予以校核；当标准构造详图规定的水平投影长度不满足具体工程要求时，应由设计者另行注明。

（5）ATa、ATb 型板式楼梯具备以下特征：

1）ATa、ATb 型为带滑动支座的板式楼梯，梯板全部由踏步段构成，其支承方式为梯板高端均支承在梯梁上，ATa 型梯板低端带滑动支座支承在梯梁上，ATb 型梯板低端带滑动支座支承在挑板上。

2）滑动支座采用何种做法应由设计指定。滑动支座垫板可选用聚四氟乙烯板、钢板和厚度大于等于 0.5mm 的塑料片，也可选用其他能保证有效滑动的材料，其连接方式由设计者另行处理。

3）ATa、ATb 型梯板采用双层双向配筋。

（6）ATc 型板式楼梯具备以下特征：

1）梯板全部由踏步段构成，其支承方式为梯板两端均支承在梯梁上。

2）楼梯休息平台与主体结构可连接，也可脱开。

3）梯板厚度应按计算确定，且不宜小于 140mm；梯板采用双层配筋。

4）梯板两侧设置边缘构件，边缘构件的宽度取 1.5 倍板厚；边缘构件纵筋数量，当抗震等级为一、二级时不少于 6 根，当抗震等级为三、四级时不少于 4 根；纵筋直径不小于 ϕ12 且不小于梯板纵向受力钢筋的直径；箍筋直径不小于 ϕ6，间距不大于 200mm。平台板按双层双向配筋。

5）ATc 型楼梯作为斜撑构件，钢筋均采用符合抗震性能要求的热轧钢筋，钢筋的抗拉强度实测值与屈服强度实测值的比值不应小于 1.25；钢筋的屈服强度实测值与屈服强度标准值的比值不应大于 1.3，且钢筋在最大拉力下的总伸长率实测值不应小于 9%。

(7) CTa、CTb 型板式楼梯具备以下特征：

1) CTa、CTb 型为带滑动支座的板式楼梯，梯板由踏步段和高端平板构成，其支承方式为梯板高端均支承在梯梁上。CTa 型梯板低端带滑动支座支承在梯梁上，CTb 型梯板低端带滑动支座支承在挑板上。

2) 滑动支座采用何种做法应由设计指定。滑动支座垫板可选用聚四氟乙烯板、钢板和厚度大于等于 0.5 的塑料片，也可选用其他能保证有效滑动的材料，其连接方式由设计者另行处理。

3) CTa、CTb 型梯板采用双层双向配筋。

(8) 梯梁支承在梯柱上时，其构造应符合 16G101-1 中框架梁 KL 的构造做法，箍筋宜全长加密。

(9) 建筑专业地面、楼层平台板和层间平台板的建筑面层厚度经常与楼梯踏步面层厚度不同，为使建筑面层做好后的楼梯踏步等高，各型号楼梯踏步板的第一级踏步高度和最后一级踏步高度需要相应增加或减少，见楼梯剖面图。

3. 平面注写方式

(1) 平面注写方式，系在楼梯平面布置图上注写截面尺寸和配筋具体数值的方式来表达楼梯施工图。包括集中标注和外围标注。

(2) 楼梯集中标注的内容有五项，具体规定如下：

1) 梯板类型代号与序号，如 AT××。

2) 梯板厚度，注写为 $h=×××$。当为带平板的梯板且梯段板厚度和平板厚度不同时，可在梯段板厚度后面括号内以字母 P 打头注写平板厚度。

3) 踏步段总高度和踏步级数，之间以 "/" 分隔。

4) 梯板支座上部纵筋、下部纵筋，之间以 ";" 分隔。

5) 梯板分布筋，以 F 打头注写分布钢筋具体值，该项也可在图中统一说明。

6) 封于 ATc 型楼梯尚应注明梯板两侧边缘构件纵向钢筋及箍筋。

(3) 楼梯外围标注的内容，包括楼梯间的平面尺寸、楼层结构标高、层间结构标高、楼梯的上下方向、梯板的平面几何尺寸、平台板配筋、梯梁及梯柱配筋等。

(4) 各类型梯板的平面注写要求见 "AT～GT、ATa、ATb、ATc、CTa、CTb 型楼梯平面注写方式与适用条件"。

4. 剖面注写方式

(1) 剖面注写方式需在楼梯平法施工图中绘制楼梯平面布置图和楼梯剖面图，注写方式分平面注写、剖面注写两部分。

(2) 楼梯平面布置图注写内容，包括楼梯间的平面尺寸、楼层结构标高、层间结构标高、楼梯的上下方向、梯板的平面几何尺寸、梯板类型及编号、平台板配筋、梯梁及梯柱配筋等。

（3）楼梯剖面图注写内容，包括梯板集中标注、梯梁梯柱编号、梯板水平及竖向尺寸、楼层结构标高、层间结构标高等。

（4）梯板集中标注的内容有四项，具体规定如下：

1）梯板类型及编号，如 AT××。

2）梯板厚度，注写为 h＝×××。当梯板由踏步段和平板构成，且踏步段梯板厚度和平板厚度不同时，可在梯板厚度后面括号内以字母 P 打头注写平板厚度。

3）梯板配筋。注明梯板上部纵筋和梯板下部纵筋，用分号"；"将上部与下部纵筋的配筋值分隔开来。

4）梯板分布筋，以 F 打头注写分布钢筋具体值，该项也可在图中统一说明。

5）对于 ATc 型楼梯，尚应注明梯板两侧边缘构件纵向钢筋及箍筋。

5. 列表注写方式

（1）列表注写方式，系采用列表方式注写梯板截面尺寸和配筋具体数值的方式来表达楼梯施工图。

（2）列表注写方式的具体要求同剖面注写方式，仅将剖面注写方式中的梯板配筋注写项改为列表注写项即可。

梯板列表格式见表 5-3。

梯板几何尺寸和配筋　　　　　　　　　　　表 5-3

梯板编号	踏步段总高度/踏步级数	板厚 h	上部纵向钢筋	下部纵向钢筋	分布筋

注：对于 ATc 型楼梯尚应注明梯板曲侧边缘构件纵向钢筋及箍筋。

6. 其他

（1）楼层平台梁板配筋可绘制在楼梯平面图中，也可在各层梁板配筋图中绘制；层间平台梁板配筋在楼梯平面图中绘制。

（2）楼层平台板可与该层的现浇楼板整体设计。

5.2 板式楼梯钢筋计算

5.2.1 板式楼梯配筋构造

板式楼梯配筋构造图中常用的代号含义如下：

h_s——踏步高；

b_s——踏步宽；

m——踏步数；

h——梯板厚度；

　　b——楼层梯梁宽度；

　　d——受拉钢筋直径；

　　l_a——纵向受拉钢筋非抗震锚固长度；

　　H_s——踏步段高度；

　　H_{ls}——低端踏步段高度；

　　H_{hs}——高端踏步段高度；

　　l_{ab}——受拉钢筋的非抗震基本锚固长度；

　　l_n——梯板跨度；

　　l_{sn}——踏步段水平长度；

　　l_{ln}——低端平板长度；

　　l_{hn}——高端平板长度；

　　l_{hsn}——高端踏步段水平长度；

　　l_{lsn}——低端踏步段水平长度；

　　l_{mn}——中位平板长度。

　　AT 型～ET 型楼梯板配筋构造，如图 5-2～图 5-6 所示。ATa 型、ATb 型、ATc 型楼梯板配筋构造，如图 5-7～图 5-9 所示。ATa 型、ATb 型楼梯滑动支座构造详图，如图 5-10、图 5-11 所示。

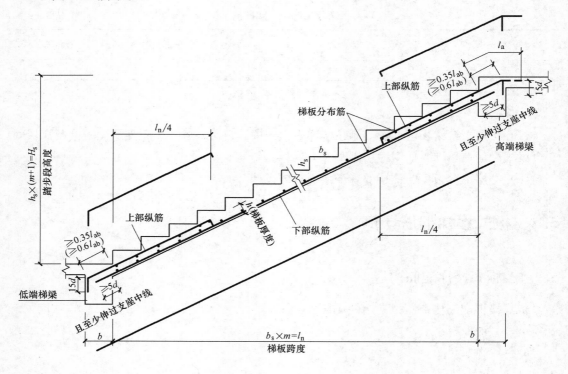

图 5-2　AT 型楼梯板配筋构造

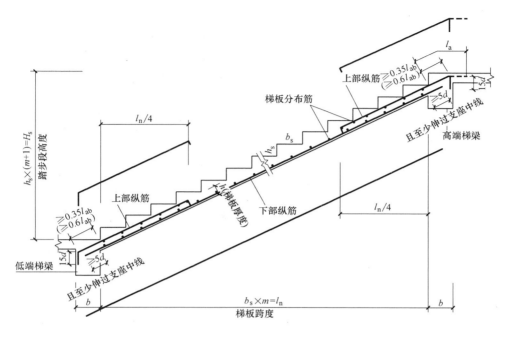

图 5-3　BT 型楼梯板配筋构造

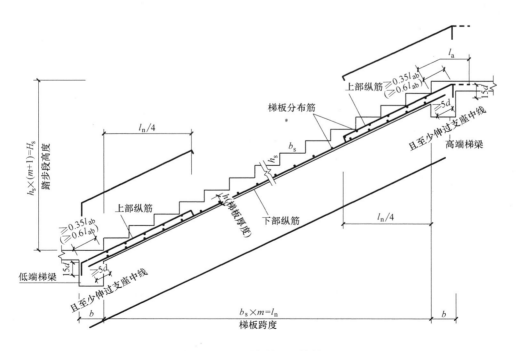

图 5-4　CT 型楼梯板配筋构造

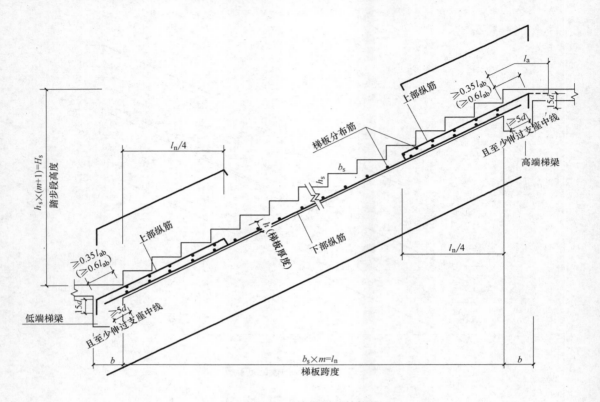

图 5-5　DT 型楼梯板配筋构造

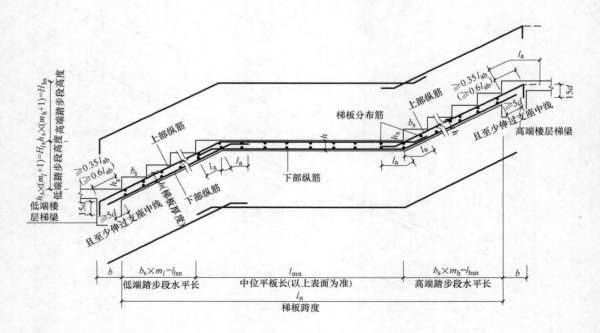

图 5-6　ET 型楼梯板配筋构造

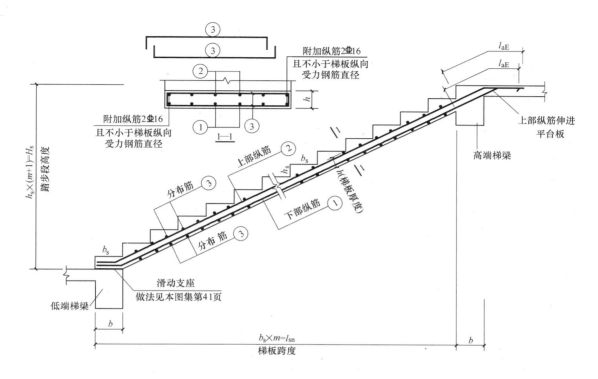

图 5-7　ATa 型楼梯板配筋构造

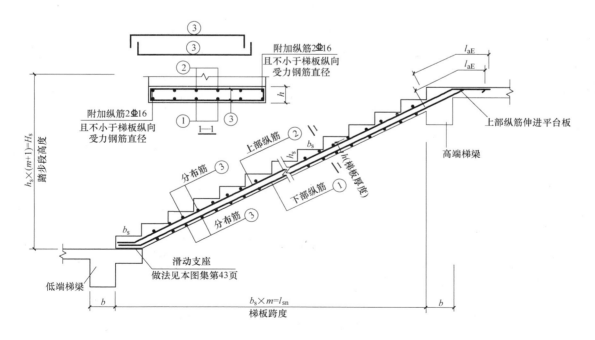

图 5-8　ATb 型楼梯板配筋构造

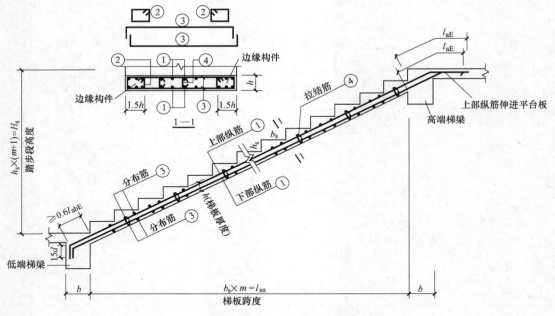

图 5-9　ATc 型楼梯板配筋构造

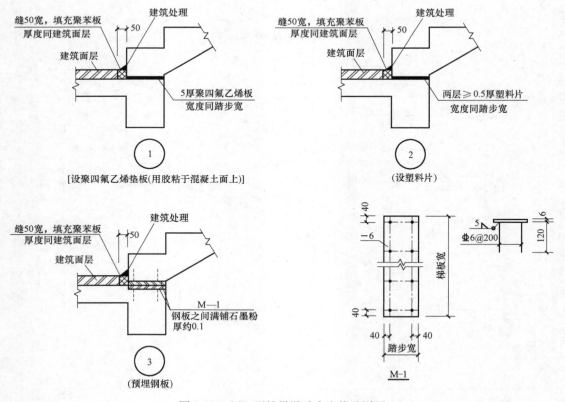

图 5-10　ATa 型楼梯滑动支座构造详图

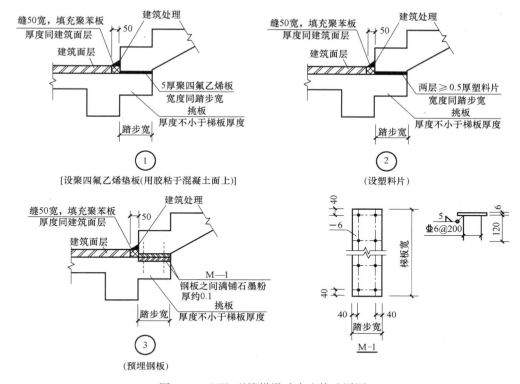

图 5-11 ATb 型楼梯滑动支座构造详图

5.2.2 AT 型楼梯梯段板的纵筋及其分布筋计算

以 AT 型楼梯为例说明梯段板的纵筋及其分布筋的计算。

1. 下部纵筋

$$单根长度＝梯段水平投影长度×斜坡系数＋2×锚固长度$$

$$根数＝\frac{(梯板宽度－2×保护层)}{间距}＋1$$

$$水平投影长度＝踏步宽度×踏面个数$$

$$斜坡系数＝\frac{\sqrt{(b_s^2＋h_s^2)}}{b_s}$$

式中　b_s、h_s——踏步的宽度和高度。

$$锚固长度＝\max(5d,b/2×斜坡系数)$$

式中　b——支座的宽度。

对于分布筋，有

$$单根长度＝梯板净宽－2×保护层$$

$$根数＝\frac{(l_n×斜坡系数－间距)}{间距}＋1$$

2. 梯板低端上部纵筋（低端扣筋）及分布筋

对于低端扣筋，有

$$单根长度 = \left(\frac{l_n}{4} + b - 保护层厚度\right) \times 斜坡系数 + 15d + h - 保护层厚度$$

根数同梯板下部纵筋计算规则。

对于分布筋，单根长度同底部分布筋计算规则。

$$根数 = \left(\frac{l_n}{4} \times 斜坡系数 - 间距/2\right)/间距 + 1$$

3. 梯板高端上部纵筋（高端扣筋）及分布筋

与梯板低端上部纵筋类似，只是在直锚时，

$$单根长度 = \left(\frac{l_n}{4} + b - 保护层厚度\right) \times 斜坡系数 + l_a + h - 保护层厚度$$

式中　l_a——锚固长度。

分布筋长度和根数同低端扣筋的分布筋。

4. 梯梁、梯柱、平台板的钢筋量计算

梯梁、梯柱、平台板的钢筋量计算可参考前面关于梁、柱、板的钢筋算量规则计算。

5.3　板式楼梯钢筋工程量清单实例

【例 5-1】　某楼梯结构平面图如图 5-12 所示，混凝土强度等级为 C30，试计算一个梯段板的钢筋工程量。

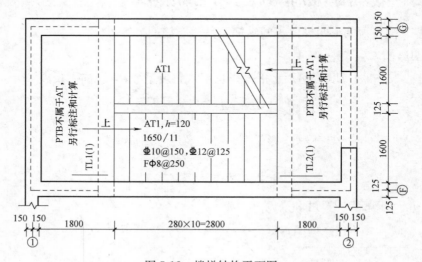

图 5-12　楼梯结构平面图

【解】

从图 5-12 可知：本梯段属于 AT 型楼梯，梯板厚 120mm，踏步高 $h_s = 1650/11 = 150$mm，低端和高端的上部纵筋为 $\Phi 10@150$，梯板底部纵筋为 $\Phi 12@125$，分布筋为 $\Phi 8@$

250，梯段净宽为 1600mm，梯段净长为 2800mm，踏步宽 $b_s=280$mm，本题目中的梯梁宽没有给出，此处假设梯梁宽 250mm，保护层厚 20mm。

1. 梯段底部纵筋及分布筋

$$本楼梯的斜坡系数=\frac{\sqrt{(b_s^2+h_s^2)}}{b_s}=\frac{\sqrt{(280^2+150^2)}}{280}=1.134$$

对于梯段底部纵筋，有：

单根长度＝梯段水平投影长度×斜坡系数＋2×锚固长度＝2800×1.134＋2×max (5×12，250/2×1.134)＝3459mm

$$根数=\frac{(梯板宽度-2×保护层)}{间距}+1=\frac{(1600-2×20)}{125}+1=14根$$

$$工程量=3.425×14×0.888=42.58kg=0.043t$$

对于分布筋，有：

$$单根长度=梯板净宽-2×保护层=1600-40=1560mm$$

$$根数=\frac{(l_n×斜坡系数-间距)}{间距}+1=\frac{(2800×1.134-250)}{250}+1=13根$$

$$工程量=1.56×13×0.395=8.01kg=0.008t$$

2. 梯板低端上部纵筋（低端扣筋）及分布筋

对于低端扣筋，有：

$$单根长度=\left(\frac{l_n}{4}+b-保护层厚度\right)×斜坡系统+15d+h-保护层厚度$$

$$=(2800/4+250-20)×1.134+15×10+120-20=1305mm$$

$$根数=\frac{(1600-2×20)}{150}+1=12根$$

$$工程量=1.305×12×0.617=9.66kg=0.010t$$

对于分布筋，有：

单根长度＝1560mm

$$根数=\left(\frac{l_n}{4}×斜坡系统-间距/2\right)/间距+1=\frac{(2800/4×1.134-250/2)}{250}+1=4根$$

$$工程量=1.56×4×0.395=2.46kg=0.002t$$

3. 梯板高端上部纵筋（高端扣筋）及分布筋

与梯板低端上部纵筋（低端扣筋）及分布筋计算相同。

【例 5-2】 某 AT1 的平面布置图如图 5-13 所示，混凝土强度为 C30，梯梁宽度 b 为 200mm。试计算 AT1 中各钢筋工程量。

【解】

Φ8 钢筋单位理论质量为 0.395kg/m

Φ10 钢筋单位理论质量为 0.617kg/m

Φ12 钢筋单位理论质量为 0.888kg/m

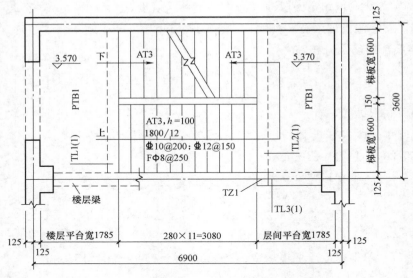

图 5-13 AT1 平面布置图

楼梯板净跨度 $l_n = 3080mm$

梯板净宽度 $b_n = 1600mm$

梯板厚度 $h = 100mm$

踏步宽度 $b_s = 280mm$

踏步总高度 $H_s = 1800mm$

踏步高度 $h_s = 1800/12 = 150mm$

1. 斜坡系数计算

$$斜坡系数 \ k = \sqrt{h_s^2 + b_s^2} = \sqrt{150^2 + 280^2} = 1.134$$

2. 梯板下部纵筋以及分布筋

(1) 梯板下部纵筋

钢筋长度 $l = l_n \times k + 2 \times a = 3080 \times 1.134 + 2 \times \max(5d，b/2) = 3080 \times 1.134 + 2 \times \max$
$(5 \times 12，200/2) = 3693mm$

钢筋根数 $= (b_n - 2 \times c) / 间距 + 1 = (1600 - 2 \times 15) / 150 + 1 = 12$ 根

$\Phi 12$ 钢筋工程量 $= 3.693 \times 12 \times 0.888 = 39.35kg = 0.039t$

(2) 分布筋

钢筋长度 $= b_n - 2 \times c = 1600 - 2 \times 15 = 1570mm$

钢筋根数 $= (l_n \times k - 50 \times 2) / 间距 + 1 = (3080 \times 1.134 - 50 \times 2) / 250 + 1 = 15$ 根

$\Phi 8$ 钢筋工程量 $= 1.57 \times 15 \times 0.395 = 9.30kg = 0.009t$

(3) 梯板低端扣筋

$l_1 = [l_n/4 + (b - c)] \times k = (3080/4 + 200 - 15) \times 1.134 = 1083mm$

$l_2 = 15d = 15 \times 10 = 150mm$

$h_1 = h - c = 100 - 15 = 85mm$

梯板低端扣筋每根长度 $= 85 + 150 + 1083 = 1318mm$

梯板低端扣筋的根数 $= (b_n - 2 \times c)/$间距 $+ 1 = (1600 - 2 \times 15)/250 + 1 = 8$ 根

$\Phi 10$ 钢筋工程量 $= 1.318 \times 8 \times 0.617 = 6.51kg = 0.007t$

分布筋 $= b_n - 2 \times c = 1600 - 2 \times 15 = 1570mm$

分布筋的根数 $= (l_n/4 \times k)/$间距 $+ 1 = (3080/4 \times 1.134)/250 + 1 = 5$ 根

$\Phi 8$ 钢筋工程量 $= 1.57 \times 5 \times 0.395 = 3.10kg = 0.003t$

（4）梯板高端扣筋

$h_1 = h - c = 100 - 15 = 85mm$

$l_1 = [l_n/4 + (b - c)] \times k = (3080/4 + 200 - 15) \times 1.134 = 1083mm$

$l_2 = 15d = 15 \times 10 = 150mm$

$h_1 = h - c = 100 - 15 = 85mm$

梯板高端扣筋的每根长度 $= 85 + 1083 + 150 = 1318mm$

梯板高端扣筋的根数 $= (b_n - 2 \times c)/$间距 $+ 1 = (1600 - 2 \times 15)/150 + 1 = 12$ 根

$\Phi 10$ 钢筋工程量 $= 1.318 \times 12 \times 0.617 = 9.76kg = 0.010t$

分布筋 $= b_n - 2 \times c = 1600 - 2 \times 15 = 1570mm$

分布筋的根数 $= (l_n/4 \times k)/$间距 $+ 1 = (3080/4 \times 1.134)/250 + 1 = 5$ 根

$\Phi 12$ 钢筋工程量 $= 1.57 \times 5 \times 0.888 = 6.97kg = 0.007t$

上面只计算了一跑 AT1 的钢筋，一个楼梯间有两跑 AT1，因此应将上述数据乘以 2。

$\Phi 8$ 钢筋总工程量 $= (0.009 + 0.003) \times 2 = 0.024t$

$\Phi 10$ 钢筋总工程量 $= (0.007 + 0.010) \times 2 = 0.034t$

$\Phi 12$ 钢筋总工程量 $= (0.039 + 0.007) \times 2 = 0.092t$

工程量清单编制见表 5-4。

分部分项工程量清单   表 5-4

序号	项目编码	项目名称	项目特征描述	计量单位	工程量
1	010515001001	现浇构件钢筋	$\Phi 8$	t	0.024
2	010515001002	现浇构件钢筋	$\Phi 10$	t	0.034
3	010515001003	现浇构件钢筋	$\Phi 12$	t	0.092

【例 5-3】 某工程标高为 8.670～30.270m 的楼梯钢筋如图 5-14 所示，其混凝土强度等级为 C20，楼梯分布钢筋 $\Phi 8@280$，试计算其钢筋工程量，并编制工程量清单表。

【解】

$\Phi 8$ 钢筋单位理论质量为 0.395kg/m

$\Phi 12$ 钢筋单位理论质量为 0.888kg/m

楼梯钢筋保护层 20mm（环境类别为二 a）

锚固长度 $l_{aE} = 45d$（设该工程为二级抗震）

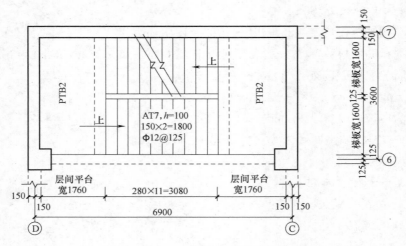

图 5-14　楼梯平面标注图

该楼梯的跑数＝(30.27－8.67)÷(1.8×2)×2＝12 跑

板式楼梯钢筋包括底筋和面筋两部分，底筋包括板底纵筋及其分布筋两种钢筋，面筋包括负筋及其分布筋两种钢筋。

1. 底筋工程量计算

（1）板底纵筋（Φ12@125）

钢筋根数＝(楼梯板宽－钢筋保护层)÷钢筋间距＋1＝(1.60－0.02×2)÷0.125＋1＝13.48＝14 根

钢筋长度＝楼梯板内的钢筋长度＋支座内长度＋半圆钩长度

$$=\sqrt{3.08^2+1.65^2}+0.12\times2+12.5\times0.012=3.88\text{m}$$

Φ12 钢筋工程量＝3.88×14×0.888＝48.24kg＝0.048t

（2）分布钢筋（Φ8@280）

钢筋根数＝楼梯板内长度÷钢筋间距＋1＝$\sqrt{3.08^2+1.65^2}$÷0.28＋1＝13.48＝14 根

钢筋长度＝楼梯板宽－钢筋保护层＋半圆钩长度＝1.60－0.02×2＋12.5×0.008＝1.66m

Φ8 钢筋工程量＝1.66×14×0.395＝9.18kg＝0.009t

2. 面筋工程量计算

（1）负筋（Φ10@170）工程量计算

Φ12 的钢筋断面积 113.10mm²。

Φ10 的钢筋断面积 78.54mm²。

设Φ10 钢筋的间距为@，则：$\dfrac{113.10}{125}\times\dfrac{1}{2}=\dfrac{78.54}{@}$，@＝173.61mm，取 170mm。

若用Φ8 的钢筋，Φ8 的钢筋断面积 50.27mm²，设Φ8 钢筋的间距为@，则：

$\dfrac{113.10}{125}\times\dfrac{1}{2}=\dfrac{50.27}{@}$，@＝111.12mm，取 110mm

本题按Φ10钢筋计算

钢筋根数＝(1.60－0.02×2)÷0.17＋1＝10.18＝11根

钢筋长度(低端)＝$\dfrac{\sqrt{3.08^2+1.65^2}}{4}$＋39×0.01＋6.25×0.01＋(0.12－0.02)(直钩)

$\qquad$ ＝1.43m

钢筋长度(高端)＝$\dfrac{\sqrt{3.08^2+1.65^2}}{4}$＋0.4×39×0.01＋15×0.01＋6.25×0.01＋

$\qquad$ (0.12－0.02×2)＝1.32m

Φ10钢筋工程量＝(1.43＋1.32)×11×0.617＝18.66kg＝0.019t

(2) 分布筋 (Φ8@280) 工程量计算

钢筋根数＝$\dfrac{\sqrt{3.08^2+1.65^2}}{4}$÷0.28＋1＝4.12＝5根

钢筋长度＝1.60－0.02×2＋12.5×0.008＝1.66m

Φ8钢筋工程量＝1.66×5×2×0.395＝6.56kg＝0.007t

3. 工程量合计

Φ8钢筋总工程量＝0.009＋0.007＝0.016t

Φ10钢筋总工程量＝0.019t

Φ12钢筋总工程量＝0.048t

4. 工程量清单编制

工程量清单编制见表5-5。

分部分项工程量清单 表5-5

序号	项目编码	项目名称	项目特征描述	计量单位	工程量
1	010515001001	现浇构件钢筋	Φ8	t	0.016
2	010515001002	现浇构件钢筋	Φ10	t	0.019
3	010515001003	现浇构件钢筋	Φ12	t	0.048

参 考 文 献

[1] 中华人民共和国住房和城乡建设部.《建设工程工程量清单计价规范》GB 50500—2013 [S]. 北京：中国计划出版社，2013.

[2] 中华人民共和国住房和城乡建设部.《房屋建筑与装饰工程工程量计算规范》GB 50854—2013 [S]. 北京：中国计划出版社，2013.

[3] 中国建筑标准设计研究院.《混凝土结构施工图平面整体表示方法制图规则和构造详图（现浇混凝土框架、剪力墙、梁、板)》16G101-1 [S]. 北京：中国计划出版社，2016.

[4] 中国建筑标准设计研究院.《混凝土结构施工图平面整体表示方法制图规则和构造详图（现浇混凝土板式楼梯)》16G101-2 [S]. 北京：中国计划出版社，2016.

[5] 中国建筑标准设计研究院.《混凝土结构施工图平面整体表示方法制图规则和构造详图（独立基础、条形基础、筏形基础、桩基础)》16G101-3 [S]. 北京：中国计划出版社，2016.

[6] 上官子昌. 11G101 图集应用——平法钢筋算量 [M]. 北京：中国建筑工业出版社，2012.

[7] 上官子昌. 平法钢筋识图与计算细节详解 [M]. 北京：机械工业出版社，2011.

[8] 张军. 钢筋工程量计算实例教程 [M]. 南京：江苏科学技术出版社，2013.

[9] 赵治超. 11G101 平法识图与钢筋算量 [M]. 北京：北京理工大学出版社，2014.